ubu

Catástrofe ancestral

existências no liberalismo tardio

Elizabeth A. Povinelli

tradução
**Mariana Lima e
Mariana Ruggieri**

9
Prefácio à edição brasileira

12
Prefácio

17
Introdução

PARTE I

37
1. Os quatro axiomas da existência

71
2. A toxicidade do liberalismo tardio

PARTE II

111
3. Fins atômicos: a terra toda e a terra conquistada

149
4. Fins tóxicos: a biosfera e a esfera colonial

194
5. Fins conceituais: solidariedade e teimosia

227
Post scriptum

231
Glossário

247
Agradecimentos

248
Índice onomástico

252
Sobre a autora

À minha família karrabing
Especialmente à minha querida Kaingmerrhe
Minha maravilhosa primeira bisneta

Run, run, run, run,
We run under the sun...

Ainda que se enredem os caminhos
do petróleo, ainda que as napas
mudem seu lugar silencioso
e movam sua soberania
entre os ventres da terra,
quando agita a fonte
sua ramagem de parafina,
antes chegou a Standard Oil
com seus letrados e suas botas,
com seus cheques e seus fuzis,
com seus governos e seus presos.

— PABLO NERUDA, "A Standard Oil Co.", 1940

Prefácio à edição brasileira

É um grande privilégio ter este livro publicado pela Ubu, que em 2023 publicou também *Geontologias*, na qual abordo a noção de geontopoder. Escrevo este breve prefácio de Carisolo, na região italiana do Trentino, vilarejo dos meus ancestrais paternos, enquanto absorvo as notícias das eleições recentes para o Parlamento europeu. Meus avós deixaram o vilarejo depois da Primeira Guerra Mundial, assim como muitas outras famílias daqui e de outros lugares. Nessa época, o norte da Itália – como o sul – era uma região pobre e precária. Muitas famílias foram para os Estados Unidos, outras para a Argentina e o Brasil. Os pobres e marginalizados do norte da Europa tiraram proveito, mesmo que não intencionalmente, das terras colonizadas mais radicalmente despossuídas das Américas do Norte e do Sul. Agora, a Itália, junto com a França e a Alemanha, está elegendo governos comprometidos com o fechamento de suas portas para os imigrantes.

Catástrofe ancestral não focaliza essas questões diretamente. Mas espero que ofereça *insights* sobre essas condições sociais e políticas. O livro pede que acadêmicos, eu inclusa, reflitam sobre aquilo que deve ser nosso ponto de partida – a primeira condição do nosso trabalho. Algumas pessoas podem compreender os quatro axiomas que proporei neste livro como um conjunto de embates disciplinares.

Eu discordo, porque muitas posições teóricas são partilhadas entre disciplinas. *Catástrofe ancestral* pergunta, independentemente do campo disciplinar, se devemos partir de uma afirmação sobre o que o mundo *é* e depois averiguar como essas condições ontológicas são distribuídas socialmente para que possamos organizar uma contrapolítica. Ou se devemos começar dos múltiplos entrelaçamentos sociopolíticos globais que tiveram início quando os navios europeus começaram a cruzar os oceanos Atlântico, Pacífico e Índico em busca de riquezas, e que continua a ser a matriz que determina quais deslocamentos são permitidos para certas pessoas, como e em que direção a riqueza se desloca, e a maneira pela qual as toxicidades e os danos são distribuídos. A diferença entre as afirmações ontológicas sobre os entrelaçamentos de existência e as afirmações sociopolíticas sobre os desarranjos coloniais e raciais de populações, topografias e epistemologias podem não parecer tão diferentes do ponto de vista da escolha das palavras. Afinal, estamos todos falando de entrelaçamentos! No entanto, apesar de aparentemente constituírem um chão comum, essas duas formas de mobilizar os entrelaçamentos diferem dramaticamente.

Quanto focamos primeiro aquilo que o mundo *é*, suas regras imutáveis, abstraímos as próprias condições que buscamos compreender, a saber: por que, desde o período colonial, a riqueza se desloca em certa direção e o dano em outra? Observar aquilo que *é* possibilita talvez um espaço de implicação não implicada. Estamos todos implicados, na medida em que toda existência é entrelaçada e, portanto, meu corpo está implicado no seu, meus pulmões nos seus etc. Mas isso é algo que todos partilhamos, é um chão comum, um espaço de mutualidade. Mas esse espaço faz sentido quando começamos pelos navios negreiros que circulavam pelo Atlântico ou pelos espaços devastados da expansão colonial? *Catástrofe ancestral* tentar responder a essa pergunta justapondo uma série de abordagens da condição humana e mais-que-humana a partir dos anos 1950 – por exemplo, a perspectiva de Hannah Arendt so-

Prefácio à edição brasileira

bre a condição humana e a perspectiva de Gregory Bateson sobre a biosfera *versus* as perspectivas de Aimé Césaire, Édouard Glissant e Vine Deloria Jr. sobre a esfera colonial. Argumento que aquilo que partilhamos é um conjunto de relações diferenciais entre formas de possessão e despossessão que começaram a emergir nesses navios e em todas as terras colonizadas. Essas relações não possuem um eixo único, embora eu disponibilize o conceito de geontopoder como uma ferramenta para compreender a governança dessas relações. Inúmeras pessoas nativas foram inseridas em discursos de despossessão/geontopoder de maneira diferente daquela das pessoas escravizadas. E pessoas imigrantes europeias despossuídas foram inseridas de maneira diferente daquela de seus pares do Oriente. Além disso, as justificativas da Europa continental e diaspórica para a despossessão de alguns e o acúmulo de recursos de outros mudavam e oscilavam conforme as críticas. Tudo isso para dizer que *Catástrofe ancestral* pede que consideremos que o mundo humano e mais-que-humano é um entrelaçamento sedimentar de uma história específica que poderia ter transcorrido de outra maneira – que seu legado e, portanto, aquilo que o mundo *é* poderiam ser diferentes. Mas, para fazer esse mundo, precisamos começar pelas condições sedimentadas, segundo as quais aquilo que partilhamos são as diferentes relações com a história colonial como uma presença condicionante.

12 de junho de 2024
Carisolo, Trentino

Prefácio

Terminei a última versão deste livro no começo da pandemia de covid-19 e em meio aos protestos do Black Lives Matter contra os assassinatos de George Floyd, Breonna Taylor, Ahmaud Arbery e incontáveis outros estadunidenses negros. Diante desses acontecimentos, parece importante fazer alguns comentários iniciais para guiar leitores e leitoras neste texto.

Em primeiro lugar, embora os capítulos tenham sido escritos e concebidos antes da pandemia, os diferentes discursos sobre a covid-19 e as diferenças nítidas do impacto do vírus sobre comunidades negras, latinas, asiáticas e indígenas assombraram minhas revisões finais – e continuam assombrando as páginas a seguir. Faço algumas referências explícitas às paisagens devastadoras da covid-19, mas escolhi não incluir essa crise imediata na discussão. Infelizmente, não acredito que a crise mude a questão fundamental deste livro: a de que os axiomas sobre os quais se constrói hoje um segmento do senso comum crítico – especialmente as afirmações de que a existência é entrelaçada – não possuem um conteúdo político *a priori* e só podem derivar sua política dos efeitos contínuos da catástrofe ancestral do colonialismo e da escravidão. Em outras palavras, o racismo e o colonialismo estruturais e seus efeitos devastadores sobre a saúde de corpos negros, pardos e indígenas

– e dos seus territórios – existiam muito antes da covid-19. A catástrofe das mudanças climáticas, a exposição tóxica e as pandemias virais não estão por vir – não estão num horizonte distante, vindo na direção dos que olham para elas. Essas são as catástrofes ancestrais que começaram pela despossessão brutal dos mundos humanos e mais-que-humanos e a extração brutal do trabalho humano e mais-que-humano. Essas despossessões e extrações deram origem ao liberalismo e ao capitalismo e, com deles, a um maquinário maciço que nega a sua violência estrutural.

Este livro toma essas violências históricas como ponto de partida e argumenta que toda teoria da existência – quer postule um entrelaçamento ontológico da existência, quer afirme alguma forma de objeto ontológico (hiper-, hipo- ou micro-) – deve ter como ponto de partida e objetivo final o desmantelamento dessa incessante catástrofe ancestral. Qualquer discussão que desvie a atenção do terreno físico e social sempre desigual dessa catástrofe em curso ou que comece por uma teoria geral do mundo humano e não humano contribui para o fortalecimento do capitalismo liberal tardio e de sua forma de negar seu maquinário tóxico. O título deste livro, *Catástrofe ancestral*, visa a extrair uma análise crítica das abstrações do planetário e do humano e inseri-la nos desdobramentos dinâmicos da violência liberal tardia – as maneiras como a catástrofe colonial amarrou e continua amarrando uma multiplicidade de mundos, ao mesmo tempo que concentra riqueza e bem-estar em alguns lugares e, em outros, corpos, miséria e poluição.

Em segundo lugar, quando estou trabalhando em um novo livro, me imagino desenvolvendo um ponto de algum trabalho anterior. Este livro foi escrito para oferecer uma exposição mais completa de um conjunto de discursos críticos que surgiram à medida que a natureza de pressuposto do geontopoder se rompia. O *geontopoder* se refere à governança da existência humana e mais-que-humana, por meio das divisões e hierarquias da Vida e da Não Vida, e à existência tóxica que essa divisão deixa em seu rastro. Desde que escrevi

Geontologias, estive particularmente interessada em um conjunto de afirmações teóricas críticas sobre a natureza da existência e da eventividade que surgiram na esteira do geontopoder. Comecei a chamar isso de os quatro axiomas da existência e queria entender não apenas o seu significado, mas também o que estavam provocando as suas várias abordagens. Também apresentei em *Geontologias* um conjunto de figuras que afirmei estar deslocando as quatro figuras do biopoder. Disse que as teorias críticas estavam tão seduzidas pela imagem de um poder que opera por meio da vida que não conseguíamos perceber os problemas, as figuras, as estratégias e os conceitos emergentes que, juntos, sugeriam que uma outra formação do poder liberal tardio fora crucial para o conceito de biopoder, mas havia permanecido ocultado por ele. As três figuras do geontopoder são o deserto, o animista e o vírus. Cada figura deveria constituir um sinal diagnóstico e sintomático dos modos como o geontopoder vem governando há muito tempo por meio do colonialismo de ocupação e agora é visto como uma ameaça àqueles que se beneficiaram dessa governança.

Mesmo pensando no vírus como figura, tentei evitar a sua celebração como uma alternativa radical ao geontopoder. Argumentei que ser o vírus significa estar sujeito a intensas abjeções e ataques e que viver na vizinhança do vírus significava habitar uma crise existencial. Com a covid-19, isso se torna terrivelmente evidente. Talvez de maneira mais controversa, argumentei que, embora as retóricas e práticas de guerra se acumulem no entorno dele, o vírus não é nem amigo nem inimigo: ele é agnóstico com relação ao modo como o chamam.[1] O vírus é uma forma emergente ou residual de arranjos humanos/mais-que-humanos prévios. Ele opera de modo a criar uma nova morada, diagnosticando as estruturas e os contornos do poder à medida que segue o seu caminho. Isso parece terri-

---

1   Constanza Musu, "War Metaphors Used for covid-19 Useful but Also Dangerous". *Conversation*, 8 abr. 2020. Disponível on-line.

velmente verdadeiro neste momento. A covid-19 emergiu do capitalismo extrativista e foi disseminada pelo capitalismo do transporte. Ela devasta as comunidades indígenas pobres e as comunidades de cor porque essas comunidades corporificam o longo alcance da catástrofe ancestral do racismo e do colonialismo. Em vez de enxergar a covid-19 como uma analítica horripilante da corporificação do poder, como uma crítica devastadora do capitalismo liberal tardio – em vez de entender o capitalismo liberal tardio como a origem desse horror que estamos vivendo –, querem nos fazer considerar que o vírus é nosso inimigo. Em outras palavras, a covid-19 opera agora na estrutura daquilo que em *Empire of Love* chamei de *saúde ghoul*.[2] Certamente, o vírus da covid-19 não é nosso amigo. Mas tampouco é nosso inimigo. É uma manifestação das catástrofes ancestrais do colonialismo, da escravidão, da contínua destruição e despossessão da existência pela extração maciça e pela máquina de recombinação do capitalismo liberal tardio.

Em terceiro lugar, este livro – e meu trabalho como um todo – surge da forma como meus pensamentos e minhas ações no mundo foram moldados pela minha longa intimidade com os membros antigos e atuais do Karrabing. Karrabing não é um clã, uma língua ou uma nação. É uma palavra da língua emmiyangel que significa o momento em que as vastas marés que caracterizam a região costeira do Noroeste daquilo que agora é conhecido como Austrália atingem o seu ponto mais baixo e estão para virar. É um grupo de parentes que se ajudam mutuamente. Muitas de suas terras estão localizadas na Baía de Anson, no Território do Norte. É um conceito, uma aspiração, um esforço para mobilizar o cinema, a música e a arte com o intuito de preservar os mundos indígenas, bloqueando as forças extrativas do liberalismo tardio e suas dimensões políticas,

---

2 *Ghoul*, com raízes na mitologia árabe e persa, significa literalmente "demônio" e refere-se a uma criatura maligna que habita cemitérios e consome carne humana, uma espécie de morto-vivo. [N.E.]

sociais e econômicas e mantendo um espaço aberto para o diferente na configuração atual do poder colonial de ocupação. O Karrabing é o modelo do que entendo por *projeto social*.

Em quarto lugar, este livro enfia os pés em inúmeros debates e áreas acadêmicas nos quais outras pessoas são muito mais competentes. Não finjo conhecer esses debates com a mesma completude e nuances que elas. Ao contrário, procuro indicar esses debates no texto e nas notas. Vejo meu esforço principalmente como uma maneira de contribuir com energia e foco para um campo mais amplo de crítica anticolonial, decolonizante e ao liberalismo tardio.

Por último, ao longo dos anos, criei uma série de termos mais ou menos especializados para descrever processos e dinâmicas do liberalismo tardio. Eu me escoro em muitos deles nos capítulos a seguir. Em vez de parar e defini-los à medida que aparecem, eu os apresento em *itálico* (como acima *geontopoder*, *saúde ghoul* e *projeto social*) e peço aos leitores e leitoras que consultem o glossário no fim deste livro, no qual incluo outros conceitos-chave. Há ali uma definição do termo e um guia para saber como ele se encaixa em meus outros textos. A ideia é apresentar uma compreensão mais profunda e significativa da trajetória de conceitos e autores que proporcionaram o rico vocabulário pelo qual esses conceitos enveredam.

Introdução

Este livro analisa quatro axiomas da existência que surgiram nos últimos anos em parte significativa da teoria crítica. São eles: o entrelaçamento da existência, a divisão desigual do poder de afetar terrenos locais e transversais desse entrelaçamento, a multiplicidade e o colapso do evento como condição *sine qua non* do pensamento político e a história racial e colonial que fundamentou ontologias e epistemologias ocidentais e o conceito de Ocidente. Para além dos axiomas, estou interessada nas lutas anticoloniais mais amplas das quais surgiram esses axiomas e numa formação reacionária, o liberalismo tardio, que tentou reformular, conter e redirecionar essas lutas. Apesar de tratar esses axiomas como enunciados teóricos distintos, argumento que são parte de um campo discursivo mais amplo do pensamento político e da ação que estão surgindo na esteira do *geontopoder*. Prestar atenção ao modo como eles operam é fundamental se quisermos evitar que sejam cooptados pelo capitalismo liberal tardio e pelo capitalismo intolerante. A ascensão do liberalismo intolerante xenofóbico, do capitalismo de juro zero e do ecofascismo, concomitantemente ao colapso do poder unipolar dos Estados Unidos, pode ser o sinal de uma nova reorganização do liberalismo.[1] Se assim for, então há muito em jogo no como, quando e desde onde construímos nossos conceitos – conceitos aqui entendidos como ação no mundo – nessa vacilação do poder do liberalismo tardio.

O centro deste livro é uma investigação na *temporalidade social* desses axiomas – uma discussão sobre como a ordem e o arranjo desses axiomas criam diferentes imaginários de tempo e eventividade sociais e, portanto, diferentes narrativas sobre justiça social e ambiental. Por outro lado, estou interessada em uma tendência sintagmática de certas regiões da teoria crítica – mimetizada no modo como acabei de introduzir os axiomas – que começa (e às vezes termina) por um enunciado ontológico e (às vezes) escala ou desliza para ramificações sociais, políticas e históricas do enunciado. Este livro mostra como um arranjo sintático aparentemente aleatório desses axiomas afeta nossa habilidade de romper com aquilo que Sylvia Wynter chamou de super-representação de uma história específica do Homem.[2] Investigo quais pensamentos e ações se tornam visíveis quando começamos pela história colonial do entrelaçamento ocidental do mundo e quais poderes diferenciais são desencadeados nas várias regiões e modos de existência – no mundo do humano e do mais-que-humano –, em vez de se perguntar sobre as condições originais. Dito de outro modo, que questões se tornam inevitáveis quando partimos da força da história, em vez de começarmos com um enunciado sobre a ontologia?

A resposta contida em *Catástrofe ancestral* não inverte apenas a ordem dos quatro axiomas; ela busca algo mais forte, ou seja, de-

---

1 Ver, por exemplo, Veena Das e Didier Fassin (orgs.), *Words and Worlds: A Lexicon for Dark Times*. Durham: Duke University Press, 2021; William Callison e Zachary Manfredi (orgs.), *Mutant Neoliberalism: Market Rule and Political Rupture*. New York: Fordham University Press, 2019.

2 Sylvia Wynter, "Unsettling the Coloniality of Being/Power/Truth/Freedom: Towards the Human, after Man, Its Overrepresentation – An Argument". *The New Centennial Review*, n. 3, 2003.

Introdução

monstrar que o axioma 1 não tem relevância política em si e por si e que pode muito bem funcionar como uma distração antipolítica se começarmos por ele a nossa abordagem do poder social. Argumento que a relevância política de qualquer enunciado sobre a existência nasce dos modos como o poder colonial entrelaçou a existência, gerando o capitalismo e seu parceiro governamental de longa data, o liberalismo, e, nesse processo, moldando a terra pela força materialmente distinta de suas atividades tóxicas. Em resumo, a condição original é uma condição racial e colonial, e não ontológica.

Uma das primeiras coisas que vemos quando prestamos atenção ao modo como ordenamos esses axiomas é o efeito que eles têm sobre a nossa compreensão do colapso climático, ambiental e social contemporâneo – seja uma catástrofe por vir (*la catastrophe à venir*), seja uma catástrofe ancestral (*la catastrophe ancestrale / historique*). Quando entendida como por vir ou prestes a chegar, a catástrofe climática e ambiental é lida frequentemente como um tipo específico de evento, um evento futuro que constituirá um novo e dramático começo, uma morte radical e um renascimento radical. Seriam como o fim potencial de um tipo de ser humano e história natural. No *geontopoder*, esse imaginário do evento é um elemento-chave do *imaginário do carbono* – uma dobradiça proposicional que junta as ciências naturais e as ciências sociais e produz diferenças entre elas ao superpor os conceitos de nascimento, crescimento, reprodução e morte aos conceitos de evento, *conatus / affectus* e finitude. A catástrofe climática por vir se edifica, se intensifica e desmorona nesses conceitos de nascimento e morte, evento e finitude. A catástrofe ancestral não.

A catástrofe ancestral não é o mesmo tipo de coisa-evento que a catástrofe por vir, tampouco opera a partir da mesma temporalidade. Quando começamos pela catástrofe do colonialismo e da escravidão, a localização do colapso climático, ambiental e social contemporâneo gira e sofre uma mutação, tornando-se algo completamente diferente. Catástrofes ancestrais são passado e presente;

continuam nascendo mais do chão do colonialismo e do racismo do que do horizonte do progresso liberal. Catástrofes ancestrais provocam mais danos ambientais na esfera colonial do que na biosfera; mais na terra não conquistada do que no mundo todo; mais nas errâncias do que nos fins; mais nas rebeldias do que na guerra; mais nas manobras, na *persistência* e na teimosia do que na dominação ou na resistência, no desespero ou na esperança.

A segunda coisa que vemos quando prestamos atenção ao modo como organizamos esses axiomas é uma abordagem muito diferente da verdade, do poder e da história. Acho que temos um vislumbre disso quando colocamos os pragmatistas estadunidenses Charles Sanders Peirce e William James em diálogo com o filósofo francês Gilles Deleuze, com o psicanalista francês Félix Guattari e com o poeta, filósofo e crítico martinicano Édouard Glissant.

Em três ensaios precursores, "A New List of Categories", "How to Make Our Ideas Clear" e "The Fixation of Belief" ["Sobre uma nova lista de categorias", "Como tornar nossas ideias claras" e "A fixação da crença"], Peirce afirmou que a verdade não é derivável de abstrações formais ou estados gerais, mas é um hábito de pensamento situado e espalhado nas dinâmicas de transformação dos fenômenos da mente e dos hábitos da existência e responsivo a elas. A estranheza desse modo de pensar sobre a verdade não deve ser subestimada. Uma perspectiva pragmática da verdade não situa sua fonte na mente ou em um mundo acabado ou na passagem entre as condições da mente e as condições de um mundo estável. Mas a verdade não é considerada relativa nem em um sentido culturalista nem em um sentido multiperspectivista. A verdade não é nem relativa nem universalmente determinada; ao contrário, é um hábito que as regiões da existência (humana ou outras) adquirem. Em algum lugar, a gravidade se tornou um hábito da relação entre objetos. Esse hábito se espalhou até parecer uma lei universal.

Para as mentes humanas, a verdade nos habita pelo vaivém da dinâmica entre crença e dúvida. A crença é um hábito da mente

Introdução

construído a partir de uma série de encontros com as regiões da existência, enquanto a dúvida é o registro corporificado da diferença entre a história da crença e os contínuos encontros com o mundo, ele mesmo sofrendo mudanças devidas ao nosso tratamento habitual dele e dos seus próprios modos de reação. A dúvida é uma espécie de rangido que expressa a diferença entre a parte do mundo que constituiu meus hábitos de crença e outras regiões do mundo dentro do meu mundo, mas invisíveis para mim.[3] A dúvida é a pulga atrás da orelha de que alguma coisa não está certa entre os meus hábitos da mente e a existência dada ou cambiante do mundo. Juntas, dúvida e crença são superfícies mentais corporificadas das variações intencionais e não intencionais em uma região da existência; são o diferencial entre calma (crença) e irritação (dúvida), que expressa a diferença entre um dado arranjo da verdade e da existência no qual a verdade opera, incluindo o próprio sujeito. Portanto, a verdade não é uma coisa, mas uma evolução das habitações que se movem de dentro dela, porém fora de qualquer lei que a determine. Como escreveu Brian Massumi, o empirismo radical do pragmatismo peirceano "tem de gerar seu mundo a partir de um vir a ser para além do qual não há nada a determinar – *mas, enfaticamente, não nada*".[4] Massumi prossegue:

> Se não há nada "além", nenhum ser, nenhum quê, nenhum *a priori*, então a presentividade da consciência imediata não está mais na mente do que no mundo classicamente empírico da matéria já dada.

---

3 Ainda que os primeiros trabalhos de Peirce sugiram algo real com o qual os hábitos mentais buscam se alinhar, em seus ensaios monistas a existência é uma multiplicidade de regiões da mente dentro e fora do hábito em si, devido à função do acaso absoluto e de uma diversificação e especificação originais e contínuas que ocorrem em um mundo constituído de modo irregular. Ver Charles Sanders Peirce, "The Doctrine of Necessity". *Monist*, n. 2, 1892.
4 Brian Massumi, "Such as It Is: A Short Essay in Extreme Realism". *Body and Society*, v. 22, n. 1, 2016, p. 117.

Não está "dentro" de nada. Está fora. Fora, entrando. De repente, e no evento, irreconhecível.[5]

Foi o colega de Peirce, William James, mais do que ele mesmo, quem explicitou as implicações sociais dessa abordagem da verdade. Como Peirce, James insistiu que a verdade – e o pragmatismo enquanto método/conceito – era irredutivelmente imanente à sua localização nessas regiões entrelaçadas da existência e, portanto, irredutivelmente fundamentada pelas forças e poderes que a mantêm no seu lugar ou que poderiam ser mobilizadas para deslocá-la. No entanto, para James, uma teoria da força e do poder era fundamental para entender por que certas crenças são experimentadas como verdades empedernidas, capazes de manter longe as dúvidas, se as relações entre verdade, crença e dúvida são abertas e dinâmicas. Por que, por exemplo, pacientes estadunidenses diagnosticados com covid-19 que lutavam para respirar insistiam que tinham câncer de pulmão, pois a covid-19 não era perigosa?[6] Ou por que foi necessário o assassinato de George Floyd para convencer certos estadunidenses brancos de que os afro-americanos são alvo de tratamentos violentos aos quais os estadunidenses brancos não foram submetidos, apesar de séculos de cobertura midiática mostrando a vigilância racista e a violência policial? Como podem sobreviver os hábitos de declaração de verdade estadunidenses brancos e, pior, como pode que esses hábitos dominem as instituições de poder? O que James buscou mostrar foi como os poderes da crença e da dúvida são determinados pela energética complexa dos campos e das relações sociais. De fato, para James, o próprio poder pode ser medido pela habilidade de uma região de conquistar as práticas

---

5 Ibid.
6 Luke Kenton, "South Dakota Nurse Says Some covid-19 Patients Insist the Virus Isn't Real Even as They're Dying from It". *Daily Mail*, 24 nov. 2020. Disponível on-line.

habituadas de outras regiões, impedindo que outras possibilidades que estão na existência dominem e se estendam.

Buscando encontrar uma passagem entre o empiricismo de Hume e o *a priori* de Kant, James critica em *The Principles of Psychology* [Os princípios da psicologia] aqueles para quem "as faculdades superiores da mente são puro produto da 'experiência', e a experiência, supostamente, é algo simplesmente dado". Ao contrário, "a experiência é aquilo que aceito" ou sou forçado "a aceitar".[7] Porém, discernir não é um poder transitivo que opera sobre um mundo de sujeitos e objetos preexistentes. O esforço da atenção produz um arranjo e esses arranjos se tornam verdade, "desde que nos auxiliem a chegar a uma relação satisfatória com outras partes da nossa experiência".[8] Aqueles que estão constantemente exauridos pelo maquinário extrativo do capital têm uma tarefa dupla, porque a formação de conceitos, como outras práticas da mente, demanda esforço. Por um lado, eles devem encontrar a força para seus esforços em seu mundo, mesmo quando os outros estão sugando suas energias, já que elas os fazem mais ricos. Por outro lado, eles devem focar seus esforços na análise social. É uma tarefa hercúlea, porque o poder de formar contraconceitos é o mesmo poder que tenta drenar a força afetiva daqueles que vivem e sentem essas contraverdades.

Mesmo quando afirma que não há lugar que não sinta o efeito de outros lugares, James insiste que o mundo aberto e ressonante está sempre dentro e fora do mundo determinante.[9] Os filósofos burgueses refestelados em suas poltronas não estão simplesmente empenhados em uma reflexão, mas estão tirando ativamente a energia dos pobres; ainda assim, os pobres "que vivem e sentem" as regiões

---

7 William James, *Principles of Psychology*, v. 1. New York: Dover, 1950, p. 402.
8 Id., *Pragmatism and Other Writings*. New York: Penguin Classics, 2000, p. 32.
9 "Não pode haver diferença em um lugar que não faça diferença em outro – não há diferença entre verdades abstratas que não se expresse em fatos concretos e condutas subsequentes, impostas a alguém, de algum modo, em algum lugar e em algum momento" (ibid., p. 27).

da existência esvaziadas de valor "conhecem a verdade" como realidade. Mesmo que imanentemente, eles estão sempre se opondo às ideias dominantes (se bem que, em última análise, estéreis) dos filósofos burgueses e dos homens do governo. Para James, o empirismo radical pretendia criar uma filosofia "completamente armada e militante" cujo propósito era trabalhar para criar palavras (conceitos) que "empoderam", "como um programa para trabalhar mais" pela "superabundância" da existência, e não para descobrir o elemento subjacente a toda existência, muito menos (Peirce) para desenvolver uma lógica coerente da existência.[10]

A implicação dessa reorientação da filosofia para a ação militante foi, com certeza, o que fez Deleuze e Guattari se interessarem pelo trabalho de James. David Lapoujade, particularmente, destacou o que se ganha quando se lê James da perspectiva de Deleuze e Guattari e vice-versa. Lapoujade, Massumi e Isabelle Stengers conseguiram arrancar o pensamento de Peirce e James da neutralização liberal do pragmatismo de Richard Rorty e Jürgen Habermas, redimindo-o da acusação simplista de Max Horkheimer, que via o pragmatismo estadunidense "como uma espécie de *ready-made* capitalista", conforme observado por David Lapoujade.[11] Talvez o livro *O que é filosofia?* seja o exemplo mais claro da riqueza de trocas e da divergência de foco entre Deleuze e Guattari e James.

Em *O que é filosofia?*, Deleuze e Guattari situam suas reflexões sobre o conceito, o conceito do conceito, numa linguagem de domínios adequados – o que a filosofia, as ciências e a lógica e as artes produzem de próprio segundo seu modo de prática, a saber, a filosofia produz conceitos, a ciência e a lógica produzem proposições e a arte, perceptos e afectos. Sem dúvida, há uma perspectiva política subentendida nesse trabalho disciplinar. Deleuze e Guattari acreditam que o trabalho filosófico corre o risco de ficar mais ou

---

10 Ibid., p. 28.
11 David Lapoujade, *William James: Empirisme et pragmatisme*. Paris: PUF, 1997, p. 5.

Introdução

menos sem rumo quando o capitalismo liberal, a razão comunicativa democrática e as artes comerciais passam a reivindicar a tarefa de formar conceitos. Dizem: "quanto mais a filosofia tropeça em rivais imprudentes e simplórios, mais ela os encontra em seu próprio seio, pois ela se sente preparada para realizar a tarefa, criar conceitos, que são antes meteoritos que mercadorias".[12] As consonâncias entre eles e James são evidentes – tanto para Deleuze e Guattari quanto para James, os conceitos não saem da mente de sujeitos filosóficos; tampouco fazem referência a estados de coisas no mundo. Os conceitos surgem de novas vizinhanças e criam novas vizinhanças, sempre ao longo de uma existência que está sempre em movimento e por ela – inclusive os conceitos de sujeito e objeto e suas possíveis interioridades, relações e modalidades. Os conceitos dão nós e criam hábitos nos campos da imanência, têm ramificações nesses campos e são desgastados por outras regiões. Portanto, nenhum conceito explica o mundo. E nenhum conceito é o conceito que todo mundo precisa ou deseja em todo lugar.

Há um paradoxo – apontado por Deleuze e Guattari em *Mil platôs* – em torno do estatuto conceitual do empirismo transcendental. Essa forma de imanência radical visa a deslocar o problema da essência para dar passagem à eventividade. Mais uma vez, portanto, o empirismo transcendental poderia ser visto como um novo enunciado sobre a essência da existência. Consideremos o argumento de James: a questão não é o que é verdade em um sentido metafísico, mas o que é verdade em um sentido político. "Que diferença prática faria para alguém se essa noção, em vez daquela, fosse verdade?"[13] A questão não é produzir uma ideia que atenda aos critérios de coerência intensiva absoluta, mas produzir uma ideia que tenha importância para uma fração do mundo – que ajude essa fração do mundo

---

12 Gilles Deleuze e Félix Guattari, *O que é filosofia?*, trad. Bento Prado Jr. e Alberto Alonso Muñoz. São Paulo: Editora 34, 1992, pp. 19-20.
13 W. James, *Principles of Psychology*, op. cit., p. 25.

a ter importância dali em diante. A questão ética é: para qual fração do mundo desejamos dedicar os nossos esforços de atenção?

Em *O que é filosofia?*, o que precisa ser entendido – e, portanto, o que importa – são as distintas "contiguidades" e "vizinhanças" entre filosofia, ciência e artes. O que Glissant acha que é preciso questionar para que algo seja feito? Em outras palavras, o que acontece quando situamos o trabalho conceitual das obras de Glissant, digamos, na diferença entre o modo como Deleuze e Guattari começam *O que é filosofia?* e o modo como Glissant começa *Poética da relação*? Glissant não inicia *Poética da relação* com uma questão disciplinar. Ele o inicia com um barco, no meio do Oceano Atlântico, na mais radical exploração e despossessão de homens, mulheres e crianças da África Ocidental que passaram pela "experiência de deportação para as Américas".[14] Três abismos se abrem nesse mar turbulento: o abismo do ventre do barco, o abismo das profundezas do mar e o abismo de tudo que foi separado e deixado para trás. Desses abismos profundos, Glissant vê surgir novos conceitos: relação; *eco-mundo, todo-mundo* e *caos-mundo*; nomadismo em flecha e nomadismo circular. O que está em jogo na definição da existência – essência ou evento – encolhe a ponto de sumir, ponto esse que é, por um lado, o modo como o mundo se entrelaçou nessas práticas sádicas e, por outro, o modo como a relação que se iniciou nessa cena específica continua a entrelaçar a existência. Ao ancorar a construção dos conceitos no horror do navio negreiro, Glissant, como "todo grande filósofo", não busca "traçar um novo plano de imanência, que traz uma nova matéria do ser e erige uma nova imagem do pensamento".[15] Ele também não busca iniciar

---

14 Édouard Glissant, *Poética da relação*, trad. Marcela Vieira e Eduardo Jorge de Oliveira. Rio de Janeiro: Bazar do Tempo, 2021, p. 29. Ver também Édouard Glissant, *Treatise on the Whole-World*, trad. Celia Britton. Liverpool: Liverpool University Press, 2020; e Manitha Diawara (org.), *Édouard Glissant: One World in Relation*. Paris: K'a Yéléma, 2010.

15 G. Deleuze e F. Guattari, *O que é filosofia?*, op. cit., p. 69.

e oferecer um novo rumo para velhos discursos e afetos. Sim, ele faz isso; mas também faz algo mais, algo ligeiramente falho do ponto de vista da obsessão de Deleuze e Guattari – ele pergunta se algum conceito tem importância fora do mundo de onde ele saiu e para o qual pretende trabalhar. O que nos preocupa, afinal, é: o estatuto ontológico da existência ou os modos do ser e da substância que um ingurgitamento comercial particular de humanos e terras produziu e continua produzindo? Glissant torna impossível não colocar essa questão. E Deleuze e Guattari?

Não tenho a pretensão de achar que inverter ou reorganizar os quatro axiomas que estou sugerindo aqui não terá consequências ou será irrefutável do ponto de vista filosófico. De fato, eles podem parecer enunciados incoerentes de tal perspectiva. Por exemplo, minhas palavras poderiam ser interpretadas como uma afirmação de que a existência não era entrelaçada antes dessas histórias de colonização. Ou poderiam me acusar de me opor aos enunciados ontológicos, mesmo que este livro busque dar energia a vários enunciados indígenas e subalternizados sobre ontologias não ocidentais. Abordo em detalhe esse último ponto no capítulo 4. Por ora, quero apenas dizer, em relação a ambas as preocupações, que as duas críticas estão corretas, mesmo quando perdem de vista a questão central. Se eu estivesse interessada na existência por ela mesma ou na ontologia em si mesma, então haveria uma enorme incoerência subentendida nesse exercício. Mas não estou interessada em nenhuma delas enquanto tais, ou seja, como se pudessem ser abstraídas e lidas como existindo fora da existência. Onde está a existência se não na existência? Onde está o ser se não no ser? Mais fundamentalmente, quem, sem a mínima irritação da dúvida, pode acreditar que considerar a existência como uma espécie de abstração anula os contornos históricos específicos das vidas indígenas e negras? Quem pode agir como se isso devesse ser a primeira e última preocupação?

Para mostrar o que está em jogo no modo como se lê a relação entre os vários axiomas, os capítulos a seguir analisam um conjunto de perspectivas alternativas, teóricas e ativistas, sobre diversos eventos ambientais e atômicos. Os exemplos vão desde o lançamento do Sputnik na escalada da tensão nuclear nos anos 1950, durante a Guerra Fria, até a pandemia de covid-19, passando por muitos dos conceitos ambientais que surgiram nos anos 1960 e 1970 e o conceito de colapso climático antropogênico dos anos 1990 e 2000. Cada exemplo é usado como cenário para colocar em diálogo uma variedade de conceitos políticos – o conceito de planeta inteiro e aqueles que lutam contra uma terra conquistada, o conceito de biosfera e aqueles que lutam contra uma esfera colonial, os afetos liberais da empatia e da esperança contra os afetos indígenas da sobrevivência [*survivance*] e da recusa teimosa.

Começo pelos anos 1950 por uma razão particular. Pretendo mapear a relação paralela entre tendências e tensões no pensamento crítico e a emergência do *liberalismo tardio*. No fim do livro, o glossário oferecerá mais detalhes aos leitores e leitoras, mas vou resumir brevemente o que entendo por liberalismo tardio para então sugerir a dinâmica correlacional (se não causal) entre pensamento crítico e poder social. Como já escrevi em outros lugares, o liberalismo tardio se refere a um período que vai dos anos 1950 até mais ou menos o momento presente, período em que os nacionalismos liberais e seus agentes reagiram a um conjunto de novos movimentos sociais anticoloniais e anticapitalistas extraordinariamente poderosos, reconhecendo superficialmente as bases racistas e paternalistas de suas práticas coloniais e imperiais e instituindo políticas explícitas ou implícitas de reconhecimento multicultural liberal.[16] A *astúcia*

---

16 Wynter também percebe esse momento como ponto de virada fundamental. Observa que "os múltiplos desafios" colocados mais ou menos no mesmo período e "em âmbito global por ativistas anticoloniais e ativistas na Europa, depois nos Estados Unidos por negros e uma série de outros grupos não brancos, juntamente com as feministas e os liberacionistas gays", buscaram deslocar a super-representação do humano pelo humanismo europeu (S. Wynter, "Unsettling the Coloniality", op. cit., p. 72).

do reconhecimento liberal tardio foi tratar as críticas radicais ao capitalismo colonial liberal como se expressassem o desejo dos dominados de serem reconhecidos pelo Estado dominante e seus órgãos normativos – como se o que se buscasse fosse a inclusão na pólis liberal dos que têm valor.

Em seu famoso texto *A política do reconhecimento*, o ganhador do Prêmio de Kioto Charles Taylor, exemplifica esse truque político e mostra como ele foi replicado no pensamento crítico. Ele começa ancorando a compreensão das lutas de indígenas e minorias étnicas nas abordagens filosóficas clássicas do reconhecimento. A partir disso, argumenta que as lutas anticoloniais e minoritárias devem ser entendidas como uma demanda por reconhecimento cultural (que "culturas diferentes" sejam reconhecidas como tendo legitimidade e valor igual às outras) e que "não apenas as deixemos sobreviver, mas reconheçamos seu valor".[17] Em outras palavras, o que os oprimidos desejam, mais do que a sobrevivência, é o reconhecimento da parte do opressor, porque a sobrevivência sociocultural dos oprimidos depende do reconhecimento de seu valor pelo opressor. Taylor agradece a Frantz Fanon a compreensão do desejo de aceitação dos colonizados pelo mestre! Mas, para alinhar seu programa político ao de Fanon, Taylor teria primeiro de retirar de Fanon um de seus pontos mais essenciais, ou seja, que a libertação do colonialismo demanda uma forma de violência que corresponde à "violência original da imposição estrangeira".[18] Não é somente a teoria crítica da violência de Fanon que precisa ser neutralizada. Taylor argumenta que qualquer pensamento centrado na dinâmica de reconhecimento na história do poder deve ser rejeitado, especialmente "teorias neonietzschianas [...] mal-acabadas", inspiradas "frequentemente em Foucault ou de Derrida", que "alegam que todos os juízos de valor se

---

17 Charles Taylor, *Argumentos filosóficos*, trad. Adail Ubirajara Sobral. São Paulo: Loyola, 2000, p. 268.
18 Ibid.

baseiam em padrões que, em última análise, são impostos por estruturas de poder, contribuindo para consolidá-las".[19]

Enquanto Taylor desenvolvia sua teoria do reconhecimento liberal, a jurisprudência colonial estava, de igual maneira, privando as lutas anticoloniais do poder de transformar as bases das leis de ocupação. Consideremos, por exemplo, a sentença da Suprema Corte australiana no caso Mabo *versus* Queensland, em 1992, que revogou a justificação da colonização da Austrália pelo conceito de *terra nullius*.[20] Ainda que tenham reconhecido os fundamentos racistas da *terra nullius*, os juízes reafirmaram o poder supremo do Estado colonizador de determinar o justo e o bom. O reconhecimento do título originário não tocou nem nunca tocará "o esqueleto do princípio que dá forma e consistência interna ao corpo da nossa lei".[21] Isso porque o reconhecimento liberal tardio nunca teve a intenção de alterar a substância ou a hierarquia do poder colonial, tampouco oferecer uma autodeterminação efetiva aos povos indígenas. Na longa história de pressão sobre todas as formas de existência para que se prestem à extração capitalista, o reconhecimento liberal tardio é apenas o modo mais recente. De fato, como demonstraram Benedict Scambary, Glen Coul-

---

19 "Os proponentes das teorias neonietzschianas esperam escapar desse nexo de hipocrisia, transformando toda a questão em questão de poder e contrapoder. A questão então não é mais de respeito, mas de tomada de partido, de solidariedade. Mas isso dificilmente é uma solução satisfatória, porque, ao tomar partido, eles renunciam à força propulsora desse tipo de política, que é precisamente a busca de reconhecimento e respeito" (C. Taylor, op. cit., p. 272). Ao mesmo tempo, Taylor não hesita em colocar condições a respeito de quem pode ter a premissa de valor. As condições incluem "as culturas que proporcionaram o horizonte de significado para um grande número de seres humanos, de caracteres e temperamentos diversos, por um longo período de tempo – culturas que, em outras palavras, articularam seu sentido do bem, do sagrado, do admirável – quase certamente têm algo que merece nossa admiração e respeito, ainda que isso se faça acompanhar de muita coisa que temos de abominar e rejeitar" (ibid., p. 274).

20 *Mabo and Others vs. the State of Queensland*, n. 2, 1992, HCA 23; 175 CLR I, 1992.

21 Gerard Brennan, *Mabo vs. Queensland*, n. 2, §29.

thard e outros, o reconhecimento liberal tardio facilitou o capitalismo extrativista em sociedades como a Austrália e o Canadá.[22]

Catástrofe ancestral apresenta uma genealogia crítica do modo como algumas abordagens teóricas críticas da catástrofe ambiental diluíram e tiraram as lutas anticoloniais do foco. Como eu disse, parto dos anos 1950 e avanço por uma série de debates críticos que culminam nas discussões atuais sobre a existência entrelaçada. Justaponho a noção de terra inteira à de terra conquistada; a de biosfera à de esfera colonial; empatia e esperança liberais a supervivência e recusa indígenas. Uso pensadores políticos e críticos específicos para criar um espaço discursivo e explorar os mundos de ação alternativos que cada um desses conceitos sugere. Por exemplo, ainda que reconheçam a centralidade da história colonial e imperial, de que maneira teóricos como Hannah Arendt, Aimé Césaire, Gregory Bateson, Gilles Deleuze, Félix Guattari, Édouard Glissant e Sylvia Wynter posicionam a prática do pensamento crítico na história racial e colonial? Que tipos de imaginário e prática política emergem quando partimos de questões de ontologia e existência, e não do oceano da história racial e colonial?

Os capítulos a seguir buscam desvelar a *temporalidade social* do pensamento crítico. Estão divididos em duas partes. A primeira analisa a temporalidade social dos quatro axiomas da existência à luz das catástrofes ancestral e por vir. Trata-se, antes de tudo, de uma discussão conceitual. O capítulo 1 faz as leitoras e os leitores considerarem o que está em jogo politicamente quando se começa por um enunciado ontológico (a existência está entrelaçada) ou por um enunciado histórico (ontologias e epistemologias ocidentais e o Ocidente foram recalibrados de maneira crucial durante a his-

---

22 Benedict Scambary, *My Country, My Mine: Indigenous People, Mining and Development Contestation in Remote Australia*. Canberra: ANU, 2013; Glen Coulthard, *Red Skin, White Masks: Rejecting the Colonial Politics of Recognition*. Minneapolis: University of Minnesota Press, 2014.

tória do colonialismo). O capítulo termina com uma reflexão sobre que cara teriam os instintos e as afirmações políticas a respeito da cidadania hidráulica, para usar uma expressão de Nikhil Anand, se os analisássemos de uma perspectiva histórica, e não de uma perspectiva ontológica.[23]

Feita essa discussão, o capítulo 2 enfoca os significados do liberalismo tóxico e do liberalismo tardio, independentemente de o colapso ambiental e climático ser considerado uma catástrofe por vir ou ancestral. Ele começa com uma discussão sobre o significado de toxicidade aplicada ao clima e pergunta que efeito teria qualificarmos o liberalismo tardio como tóxico. Ou seja, seria uma afirmação metafórica, uma afirmação que implica a natureza do liberalismo tardio como tal, ou seria uma afirmação sobre a conjunção mortífera entre liberalismo e capitalismo? A fim de analisar essas opções, o capítulo aborda a função da fronteira e do horizonte para isentar e compensar o liberalismo pela violência que ele inflige aos outros, inclusive o colapso climático.

A segunda parte apresenta três estudos de caso que mostram a diferença entre as lutas conceituais que buscam manter uma forma de existência no contexto dos massacres coloniais, o ancestral e o atual, e as inovações conceituais de teóricos ocidentais que olham para o horizonte da catástrofe por vir. Os capítulos baseiam-se nos argumentos conceituais descritos na primeira parte, mas dão vida a eles em discussões mais concretas de pesquisadores e contextos históricos. O capítulo 3 vai de meados dos anos 1950 ao fim dos anos 1960. Gira em torno do uso que Hannah Arendt faz da ameaça de aniquilação nuclear para situar a necessidade de voltarmos à compreensão grega clássica da política agonística plural e do uso do Atlântico Negro do colonialismo por Aimé Césaire e outros teóricos como quadro para a proposta de uma nova forma de

---

23 Nikhil Anand, *The Hydraulic City: Water and the Infrastructures of Citizenship in Mumbai*. Durham: Duke University Press, 2017, p. 7.

trans-humanismo. O trabalho de Kathryn Gines e Fred Moten é importante e crucial aqui para compreendermos o alerta de Arendt no contexto dos testes atômicos realizados em terras indígenas na Austrália. Ao contrário da leitura que se poderia fazer de Arendt atualmente, o capítulo situa a discussão da catástrofe nuclear por vir na vizinhança dos danos atômicos reais que afetaram os povos Wongi, Pitjantjatjara, Anangu e Ngaanyatjarra nos anos 1950.

O capítulo 4 trata dos anos 1960 e 1970, à sombra de *O nascer da Terra*, fotografia da Terra azul e verde elevando-se acima do horizonte da Lua tirada pelo astronauta William Anders em 1968, e *Primavera silenciosa*, o *best-seller* de Rachel Carson. Mais uma vez, temos um discurso sobre uma catástrofe por vir e uma catástrofe ancestral – nesse caso, ambiental –, ambas ocorrendo simultaneamente. Usando várias teorias da mente mais-que-humana como eixo, o capítulo começa com a resistência do povo Dene à construção de gasodutos e oleodutos no Vale Mackenzie, dentro de suas terras. Em seguida, ele discute a diferença entre a compreensão que os indígenas australianos têm das relações que eles mantêm entre si e com a terra e a legislação sobre a terra que emergiu da Comissão dos Direitos Aborígenes à Terra, em 1971, após a malsucedida tentativa do povo Yolngu de proibir a Nabalco de explorar uma mina de bauxita em suas terras. Entendidos sob a perspectiva da natureza histórica e ainda vigente das tentativas dos colonizadores de desapossar os povos indígenas das analíticas da existência, esses rechaços são comparados à afirmação de Gregory Bateson de que apenas uma compreensão biosférica da mente e da natureza poderia evitar um colapso ambiental. O capítulo se situa mais ou menos no fim dos anos 1960 e começo dos anos 1970, quando o liberalismo tardio estava surgindo como nova estratégia para governar diferenças e mercados.

O capítulo 5 trata de um presente mais recente. Começa por um conjunto de conceitos políticos (precariedade, solidariedade, possibilidade de luto e autonomia) para justapô-lo a outro conjunto (rejeitos, barreiras e desgastes). A ideia não é substituir um conjunto por outro, mas sugerir o tipo de ideia extravagante que pode ser necessário caso levemos a sério os quatro axiomas da existência, as catástrofes por vir e ancestral e o abalo do *geontopoder*. Utilizo argumentos contemporâneos a favor do reconhecimento das formações ecológicas – rios, montanhas, natureza – como pessoas legais para iluminar as inovações jurídicas do capitalismo e do estado em face da ameaça.

O posfácio reflete sobre a questão levantada no capítulo 1: como poderíamos pensar a relação entre toxicidade e liberalismo tardio, liberalismo e capitalismo. Recorro a um posfácio, e não a uma conclusão, para assinalar a minha constante recusa retórica e teórica de concluir. Para mim, pensamentos – e livros enquanto formas textualizadas de pensamento – não são concluídos. Eles enfrentam uma problemática e preparam o terreno para outros movimentos potenciais e direções possíveis.

Introdução

PARTE I

1.

Os quatro axiomas da existência

A sintaxe dos enunciados críticos

Quatro vertentes recorrentes podem ser observadas no vasto segmento do pensamento crítico e da prática artística – um conjunto de frases discursivas que poderia ser considerado tão generalizado e legitimado a ponto de constituir algo como quatro axiomas da existência. Meu modo de parafrasear esses quatro axiomas não deve surpreender as leitoras e os leitores, dada a profundidade com que se encontram nos hábitos do pensamento crítico. Com efeito, espero que, para muitos, essa lista simplesmente apresente verdades autoevidentes – ou pelo menos uma caracterização precisa, embora excessivamente comedida, de uma matriz do pensamento crítico contemporâneo:

1. A existência é entrelaçada;
2. Os efeitos do poder e o poder de afetar um dado terreno da existência são distribuídos;
3. As formas do evento são múltiplas e estão em colapso e
4. As epistemologias e ontologias liberais do Ocidente têm raízes violentas, o que chamei de *geontopoder*, na história do colonialismo e da escravidão.

Este capítulo abre a pergunta deste livro: como a sintaxe do pensamento crítico – a enunciação teórica, que começa com um postulado ontológico e avança logicamente para um desdobramento histórico – recapitula uma forma de razão colonial, mesmo que busque confrontá-la e desvendá-la? Ela emerge de uma questão muito simples: o que nos interessa e com o que estamos preocupados quando enunciados teóricos são organizados de uma forma ou de outra, em uma *temporalidade social* ou outra?

Meu método para responder a essa questão é seguir a ordem dos axiomas listados acima, invocando-os como se fossem um conto dividido em partes teóricas distintas, porém aninhadas. Em seguida, inverto essa ordem narrativa, demonstrando que cada postulado reaparece quando partimos do quarto axioma. Em outras palavras, começo como se o mais importante fosse o problema do Ser – o que é verdade, na medida em que o que pensamos é o estado da existência em si – somente para enfatizar que as teorias da existência são importantes apenas na medida em que mobilizam nossa energia para alterar o *presente ancestral* do poder colonial. Espero demonstrar por que a razão sintagmática dessas ordens axiomáticas é fundamental para que o pensamento crítico evite a repetição compulsiva do *liberalismo tardio*, na qual diferentes acumulações tóxicas de catástrofes raciais e coloniais são reconfiguradas como catástrofes por vir que poderiam ser resolvidas com um simples retorno a um conjunto de condições originais – a ontologia. Começar por um enunciado ontológico exime o pensamento Ocidental de sua história colonial, especificamente das condições históricas que permitiram a emergência das manobras metodológicas e epistemológicas modernas desse pensamento.[1] Em outras palavras, seguir

---

1   O argumento de Sylvia Wynter é que, "na lógica da afirmação descritiva do ser humano, os povos não ocidentais e não brancos só podem ser, no máximo, assimilados como membros honorários da humanidade" (S. Wynter, "Unsettling the Coloniality of Being / Power / Truth / Freedom: Towards the Human, after Man, Its

Os quatro axiomas da existência

os axiomas primeiro em uma direção e depois na direção oposta tem como propósito encenar as apostas políticas e éticas do modo como associamos cada axioma aos demais; como os narramos, por que somos atraídos por um ou por outro, o que enfatizamos, o que ocultamos. Em suma, qual a consequência política de ler esses axiomas como um conjunto de hierarquias lógicas e semânticas que começa pelo axioma 1 e culmina com o axioma 4 e não como uma forma de pensamento no vestígio do *geontopoder*? Como vemos essas consequências se manifestarem na política contemporânea da "cidadania hidráulica"?[2]

Como se o problema fosse a ontologia da existência

Alguma coisa abriu caminho no estilo e na abordagem contemporânea da teoria crítica. Desde cerca do ano 2000, práticas que por muito tempo definiram os estudos culturais e críticos migraram dos métodos de leitura hermenêuticos e desconstrutivos para um conjunto de manobras e táticas de produção do conhecimento informadas por uma filosofia e uma ciência natural inspiradas na matemática. Para alguns, o nome genérico dessa corrente é virada ontológica; outros a chamam de novo materialismo; e ainda outros se referem a ela como pós-humanismo. Mas há um fio comum. Muitos estudiosos estão tentando imaginar uma forma de solidariedade política enraizada na natureza entrelaçada da existência de humanos e mais-que-humanos. Questões físicas e metafísicas sobre o caos, a ação fantasmagórica a distância, os pluriversos e os

---

Overrepresentation – An Argument". *The New Centennial Review*, n. 3, 2003, p. 329). Ver também Denise Ferreira da Silva, *Homo Modernus: para uma ideia global de raça*, trad. Jess Oliveira e Pedro Daher. São Paulo: Cobogó, 2022.

2   Nikhil Anand, *The Hydraulic City: Water and the Infrastructures of Citizenship in Mumbai*. Durham: Duke University Press, 2017, p. 7.

multiversos e os entrelaçamentos quânticos são apresentados como a base a partir da qual devemos repensar causas e eventos políticos e sociais, esforço e afeto, intenção e suas extensões, política e solidariedade à sombra do colapso climático. Esses esforços fornecem a substância comum, embora variada, do primeiro axioma.

Como seria de se esperar, o estatuto desse axioma varia conforme os campos disciplinares e os projetos intelectuais. O axioma 1 não é um discurso único que os pesquisadores ratificam como se fossem delegados em uma conferência sobre mudanças climáticas. Ao contrário, é um espaço compartilhado e divergente de disputa e manobra intelectual. Não é de se surpreender que o vocabulário, o significado e a dinâmica da afirmação de que a existência é entrelaçada dependem de quem estamos lendo. Alguns pesquisadores tratam o axioma 1 como verdade, no sentido de que ele se ajusta melhor ao que a realidade é e como ela opera, em comparação com outras teorias anteriores que viam o mundo como constituído por sujeitos e objetos discretos que agiriam por relações de causa e efeito. Outros pesquisadores vão além e defendem que o axioma 1 (e o 3) é verdadeiro em um sentido mais forte – ele apreende o modo como a existência opera em relação a si mesma. Para eles, o axioma 1 não é simplesmente uma versão melhor: é o reflexo verdadeiro da natureza da realidade.

Muitos de nossos melhores teóricos da existência entrelaçada fazem seus argumentos transitar pelas ciências naturais – física quântica, biologia evolutiva ou matemática. O envolvimento de Karen Barad com a física quântica exemplifica a leitura cuidadosa da ciência que subjaz às afirmações sobre a existência entrelaçada. Ela mostra como a física quântica fundamenta o argumento segundo o qual "ser entrelaçado não é simplesmente estar interligado um ao outro, como na junção de entidades separadas, mas carecer de uma existência independente, autocontida".[3] Nem objetos nem sujeitos

---

3 Karen Barad, *Meeting the Universe Halfway: Quantum Physics and the Entanglement of Matter and Meaning*. Durham: Duke University Press, 2007, p. ix.

Os quatro axiomas da existência

são unidades discretas que depois se unem. Ao contrário, sujeitos e objetos são as regiões mais ou menos densas criadas pelas forças de interseção e materialização que entrelaçam a matéria, de modo que tudo é simultaneamente dentro e fora de si, *mais ou menos aqui ou mais ou menos ali, mais ou menos agora, mais ou menos depois*. Antes de Barad, o longo engajamento de Donna Haraway com as ciências biológicas nos ajudou a desvelar e aprofundar teorias críticas sobre a existência êxtima por meio de múltiplas figuras e conceitos tais como o ciborgue, a simbiogênese, parentescos estranhos, espécies companheiras e o Chthuluceno. Tais pensadoras há muito sugerem, como diz Haraway, que o "corriqueiro é uma dança de lama com multiparceiros que emerge de espécies emaranhadas e nelas".[4] Haraway pretende que esse parentesco simbiogênico seja a base de uma perspectiva anticapitalista, antirracista e feminista pós-humana na academia ocidental.

O axioma 2 é descrito geralmente como o resultado lógico do primeiro. Porque a existência é entrelaçada, percebemos um diferencial no poder de afetar o entrelaçamento regional ou globalmente. O axioma 1 oferece o contexto ontológico; o segundo o elabora e o situa em mundos sociais reais. Esse modo de conduzir o argumento é a chave para boa parte do trabalho de Judith Butler. Por exemplo, sua afirmação filosófica de que nenhuma identidade é em si mesma adequada se situa em um mundo social que decide os parâmetros de qual identidade inadequada pode matar você. Vemos um método similar em sua afirmação de que todos os seres humanos comparti-

---

4 Donna Haraway, *Quando as espécies se encontram*, trad. Juliana Fausto. São Paulo: Ubu, 2023, p. 42. Haraway deixa claro o que está em jogo politicamente: "Se reconhecemos a tolice do excepcionalismo humano, então sabemos que devir é sempre devir-com – em uma zona de contato onde o resultado, onde quem está no mundo, está em jogo" (ibid., p. 301). Os diálogos recentes de Haraway com Isabelle Stengers demonstram o potencial de poder e diferença entre os modos como cada uma das autoras aborda a ciência. D. Haraway, "SF with Stengers: Asked For or Not, the Pattern Is Now in Your Hands". *SubStance*, v. 47, n. 1, 2018, pp. 60-63.

lham uma mesma vulnerabilidade ontologicamente fundamentada, mas essa condição compartilhada se diferencia quando se trata de mundos sociais passíveis de luto. Em outras palavras, a afirmação genérica está em toda parte, é verdade universal; o modo como ela se realiza em cada mundo social é verdade específica. O axioma 2 modifica o primeiro ao nos lembrar que, apesar de em geral o axioma 1 ser verdadeiro, nem todas as regiões de entrelaçamento têm o mesmo poder de alcançar e perturbar outras regiões ou isolar-se daquelas que tentam alcançá-las ou perturbá-las. O que parece ser uma equivalência do ponto de vista semântico ("toda existência é entrelaçada"), não o é do ponto de vista material. O confronto entre os Sioux de Standing Rock – que tentavam proteger uma represa com cavalos e equipamentos improvisados – e a polícia – equipada com "mais de 600 mil dólares em fardas, equipamentos táticos e dispositivos de controle de multidões" – não ocorre em um terreno de forças ou poderes equivalentes.[5] Os habitantes de Flint (Michigan) não têm o poder de ocupar os subúrbios brancos de Detroit para reconduzir o seu próprio fornecimento de água potável. As implicações políticas do axioma 1 somente se tornam visíveis quando integramos as abstrações do axioma 1 à dinâmica diferencial do axioma 2. Porém, quando modificamos o primeiro axioma tendo em vista o segundo, percebemos que não existe nenhum conteúdo social no axioma 1. O axioma 2 dá ao axioma 1 a sua relevância social. Então por que precisamos do axioma 1 para entender a capitalização e a cidadania hidráulicas? Que forças históricas motivaram a necessidade de pensarmos a existência como sendo entrelaçada?

A relação sintagmática entre o axioma 3 – a multiplicidade e o colapso das formas do evento político – e os dois primeiros amplia as dúvidas sobre o que o axioma 1 faz de fato e por que ele atrai tanta atenção crítica. Se o axioma 2 dá peso social ao 1, o axioma 3 lhe dá

---

5 Blake Nicholson, "More Than $600,000 Spent by North Dakota on Police Gear for Pipeline Protest". *Star Tribune/Associated Press*, 16 dez. 2017.

relevância política. Parece estar implícito no axioma 3 que, porque a existência é entrelaçada e os mundos sociais que se constituem a partir desse entrelaçamento têm poderes diferentes para afetar o modo como eles próprios são entrelaçados, a natureza do evento político deve ser repensada.

Seria difícil superestimar a importância do imaginário do evento para a teoria política. Como observa o filósofo político Iain MacKenzie, a tarefa central da teoria política – "debater o significado dos eventos políticos" – é sempre antecedida pela necessidade de oferecer "uma narrativa dos eventos políticos enquanto eventos".[6] Foram muitas e acaloradas as narrativas e as disputas em torno do que constitui um evento político. A teoria política definiu o evento político como aquilo que transforma estruturalmente um dado arranjo de existência e tem alcance potencialmente universal. Alguns veem esses elementos – transformação estrutural e alcance universal – como animados pelo despertar do reconhecimento histórico e global; outros os veem como o movimento dialético das contradições do capital ou o movimento vicioso e contínuo da colonização. Em todos esses casos, os eventos políticos precisam ter alcance universal, mesmo quando se dirigem a indivíduos específicos. Para Alain Badiou, essas condições estranhas estão enraizadas no pensamento militante de são Paulo. Ele argumenta que o sujeito político liberal, entendido como universal e particular, emergiu da compreensão de Paulo de que Cristo se dirige simultaneamente a toda a humanidade e, ainda assim, depende de sua aceitação individual como salvador. Para Badiou, assim como para a fé cristã, o evento político depende de um ato individual de fidelidade militante e de pura convicção em relação à verdade do evento universal (evento-Cristo, evento político) (fiel, cidadão).[7] Acredito que 1968

---

6   Iain MacKenzie, "What Is a Political Event?". *Theory and Event*, v. 11, n. 3, 2008.
7   Alain Badiou, *São Paulo: a fundação do universalismo*, trad. Wanda Caldeira Brant. São Paulo: Boitempo, 2009.

foi um evento político para todos. Essa abordagem encontra uma abordagem igual e oposta na figuração do político em *Mil platôs*, de Deleuze e Guattari. Ali, o evento político irrompe em um ato de infidelidade radical para com o território político atual. Ponha um freio; transforme-se em chicote-humano-cavalo.[8] Responda a toda afirmação de fidelidade militante com uma perfídia indomável. Ainda assim, tanto na fidelidade militante de Badiou quanto na infidelidade militante de Deleuze e Guattari, o evento político tem alcance universal, ele se dirige igualmente a todo e qualquer indivíduo e seu objetivo é a transformação total do sentido e da socialidade.[9]

Eu estaria enxugando gelo se tentasse fazer um resumo sucinto das teorias ocidentais do evento político – não apenas de Badiou e Deleuze, mas também de Jacques Rancière, Michel Foucault, Maurizio Lazzarato, Giorgio Agamben, Roberto Esposito, Silvia Federici e outros. Mas seja qual for o alcance, a discordância ou a manobra atuais, o próprio campo tem sido perturbado pela reflexão sobre as novas dimensões e modalidades da eventividade política. Além dessas narrativas mais antigas que dão ênfase à natureza universal e estrutural do evento político, há outras mais recentes que sublinham quão *quasi*, quão micro e quão lenta é a natureza do poder político.[10] Porque a existência é entrelaçada e porque aqueles que estão entrelaçados nela têm poderes diferentes para afetar o fluxo

---

8 Gilles Deleuze e Félix Guattari, *Mil platôs: capitalismo e esquizofrenia*, coord. trad. Ana Lúcia de Oliveira. São Paulo: Editora 34, 1997.

9 G. Deleuze, *Lógica do sentido*, trad. Luiz Roberto Salinas Fontes. São Paulo: Perspectiva, 2009.

10 Para os múltiplos modos pelos quais essa forma de violência foi abordada, ver: "*slow violence*" em Rob Nixon, *Slow Violence and the Environmentalism of the Poor* (Cambridge: Harvard University Press, 2011); "*slow death*" em Lauren Berlant, *Cruel Optimism* (Durham: Duke University Press, 2011); "*infrastructures of the dominated*" em James Scott, *Domination and the Arts of Resistance* (New Haven: Yale University Press, 1990); e "política em uma frequência mais baixa" em Paul Gilroy, *O Atlântico negro: modernidade e dupla consciência* (trad. Cid Knipel. São Paulo: Editora 34, 2001).

das forças através dela, a natureza de um evento em uma região de entrelaçamento parece muito diferente da de outra região. Cada vez mais, os teóricos têm apontado para a relevância política de eventos microambientais para corpos pobres, pardos, pretos e indígenas, em lugar da singularidade de atos transformativos de resistência e revolução. Microeventos sussurram em micromoradas. Seus efeitos sensoriais mal chegam à superfície da percepção humana. São os estalidos que se escutam ao fundo da paisagem sonora da vida cotidiana nas favelas urbanas e rurais. São o vento carregado de partículas tóxicas que sopra das gigantescas minas geologicamente terraformadoras, de fábricas cuspindo fumaça e de lixões rançosos das megalópoles. Esses venenos subsensoriais têm um sentido específico de força e poder – longe dos ricos e em direção aos pobres. Essas pequenas falhas tectônicas do ambiente, da psiquê e do corpo asfaltam a estrada do grande colapso. Em outras palavras, quem decide a questão não é a onda gigante nem a última onda, mas todas as pequenas ondas que parecem quebrar no horizonte, embora já tenham chegado há muito tempo em terras colonizadas.

Essa sedimentação material do poder colonial é uma das razões que fazem o capitalismo parecer tão resiliente e os ricos tão imunes à revolução – aqueles que detêm os recursos podem proteger seus corpos e seus ambientes das rachaduras, controlando a direção e a força da violência lenta em várias regiões de entrelaçamento. Depois de um evento extremo, eles têm a possibilidade de reconstruir mais rapidamente.[11] A pandemia de covid-19 deixou claro: a política é definida por todas essas formas de evento – rupturas de tempos e espaços sociais; lealdade positiva ou negativa a um evento; reorganização das sensações; microagências e agências moleculares propi-

---

11 À guisa de exemplo, ver o estudo de Nicholas Shapiro a respeito dos *trailers* disponibilizados pela Agência Federal de Gestão de Emergências após a passagem do furacão Katrina, em New Orleans. Nicholas Shapiro, "Where Have All the Trailers Gone?". *Science History Institute*, YouTube, 27 ago. 2015. Disponível on-line.

ciando ou impedindo a ocorrência do evento; dimensões discursivas e afetivas do evento; o evento virtual, puro, divino e intermitente. Essas formas são cruciais para entendermos como os modos de distribuir os efeitos do poder e o poder de afetar um terreno de existência em particular são mantidos, percorridos e interrompidos.

No entanto, o axioma 3 afirma que a forma do evento se multiplicou e o evento enquanto tal colapsou. O colapso do evento não significa que nunca acontece nada. Não é uma postura do tipo *plus ça change, plus c'est la même chose* [quanto mais muda, mais é a mesma coisa]. Em vez disso, à sombra do primeiro e do segundo axiomas, o terceiro constata que eventos políticos ocorrem local e universalmente e os eventos enquanto tais são deslocados por intensidades desigualmente distribuídas e disseminadas. O conceito de intensidade política é geralmente atribuído a Deleuze. Intensidades podem se elevar ao nível de um evento liminar – o momento no qual a intensidade cria uma "transição de fase". Porém, em sua maioria as intensidades que irradiam de um "encontro" (ou mudança em dada formação êxtima) são tão pequenas, ocorrem em um grau tão ínfimo ou são tão lentas que nenhuma transição acontece. Elas são os atuais desgastes do entrelaçamento de corpos, psiquês e ambientes que ainda não resultaram – ou nunca resultarão – em um evento, mesmo quando são forças que precisam ser constantemente enfrentadas.

A natureza das intensidades politicamente não eventivas não passa no teste das teorias políticas clássicas do evento. Elas não são – nem estrutural nem universalmente – transformadoras. Mas o que os teóricos dos *quase eventos* e das intensidades políticas sem evento alegam é que não existe um evento estruturalmente ou universalmente transformador. Não existe *o* momento, *a* decisão, nem mesmo *o* evento, porque *um dado momento* não existe.[12] O tempo

---

12   G. Deleuze e F. Guattari, *O que é filosofia?*, trad. Bento Prado Jr. e Alberto Alonso Muñoz. São Paulo: Editora 34, 1992, p. 20.

Os quatro axiomas da existência

político é sempre fora e em outro lugar. Para descrever o tipo de ação sem evento a que estou me referindo, algumas pessoas recorreriam à compreensão de Arendt sobre a ação:

> Estas consequências [da ação] não são ilimitadas porque a ação, embora possa provir do nada, por assim dizer, atua sobre um meio no qual toda reação se converte em reação em cadeia, e todo processo é causa de novos processos [...] o menor dos atos, nas circunstâncias mais limitadas, traz em si a semente da mesma ilimitação, pois basta um ato e, às vezes, uma palavra, para mudar todo um conjunto.[13]

Contraintuitivamente, nada acontece, não ocorre nenhuma transição de fase, em razão da natureza ilimitada e imprevisível da ação através das múltiplas maneiras pelas quais as regiões da existência se entrelaçam. O evento toma a forma da existência entrelaçada e de sua ação fantasmagórica a distância – eventos só acontecem *mais ou menos aqui.*

Quando partimos do presente ancestral (axioma 4)

Em *Scenes of Subjection* [Cenas da sujeição], Saidiya Hartman se interessa por uma "política de menor intensidade" nas condições da escravização africana. Hartman observa que, já que as formas de resistência dos africanos escravizados eram "excluídas do *locus* do 'propriamente político'", a agência dos africanos escravizados precisa ser reconceitualizada sob a perspectiva da "não autonomia do campo da ação; dos modos provisórios de atuação em espaços dominados; das zonas de resiliência localizadas, múltiplas e dispersas que não foram estrategicamente codificadas ou integradas;

---

13 Hanna Arendt, *A condição humana*, trad. Roberto Raposo. Rio de Janeiro: Forense Universitária, 2007, p. 203

da não autonomia e da constituição dolorosa do escravo enquanto pessoa".[14] De sua parte, Frantz Fanon descreveu uma forma de violência política escamoteada em eventos ínfimos e ordinários de referência e endereçamento sociais – "Olhe, um negro!" ou "Você fala como um branco" ou "Você fala bem o francês" – que se acumulam até explodir para a frente e para fora, assim como para dentro.[15] Esses eventos de interação cotidiana estalam na superfície do espaço social e político. São silenciosos para algumas pessoas e ensurdecedores para outras – simultaneamente, *sonos* e *logos*.

Essa política de menor intensidade parece combinar bem com a política dos axiomas 1 a 3, tornando devastadoramente claro por que é tão necessário entender as condições sociais da existência entrelaçada. Como criar uma nova modalidade de historiografia política sem antes compreender que a forma como os mundos sociais estão entrelaçados altera diretamente o modo como a resistência e a resiliência políticas são expressas? Ainda assim o axioma 4 seria um argumento de outra ordem quando comparado aos três primeiros (ou, pelo menos, aos axiomas 1 e 3)? Os axiomas 1, 2 e 3 parecem se preocupar sobretudo com as relações entre ontologia, sociologia e política, ao passo que o axioma 4 se preocupa sobretudo com as raízes históricas das epistemologias e ontologias ocidentais liberais, o *geontopoder* ocidental na história do colonialismo e da escravização africana.

Por isso, permitam-me começar de novo, desta vez chamando a atenção para duas maneiras como o axioma 4 se acomoda mal aos três primeiros. Em primeiro lugar, o axioma 4 é uma afirmação irredutivelmente histórica. Os axiomas 1 e 3 não tratam do tempo ou do espaço; eles propõem uma afirmação acerca da existência, ou

---

14 Saidiya V. Hartman, *Scenes of Subjection: Terror, Slavery, and Self-Making in Nineteenth Century America*. Oxford: Oxford University Press, 1997, p. 61.
15 Frantz Fanon, *Pele negra, máscaras brancas*, trad. Sebastião Nascimento. São Paulo: Ubu Editora, pp. 125, 35 e 49 respectivamente.

Os quatro axiomas da existência

da natureza de um aspecto da existência, por exemplo, a natureza do evento político. O axioma 2 é o que mais se aproxima do axioma 4 e, se pudesse se liberar dos axiomas 1 e 3, poderia facilmente ser considerado seu primo irmão. Em segundo lugar, e em conexão com o ponto anterior, o axioma 4 estabelece uma possível contradição entre o que ele faz e o que fazem os axiomas 1 e 3. Por exemplo, como conciliamos a insistência do axioma 4 em que a história violenta do colonialismo racista, como afirma Denise Ferreira da Silva, não apenas informou e qualificou as ontologias e epistemologias ocidentais modernas, como também conformou e definiu seus principais termos e manobras?[16] De acordo com essa perspectiva, a física quântica, a biologia e a multiplicidade unívoca do cálculo metafísico de Deleuze e Guattari não são simplesmente modos de pensar a existência, mas sim um modo de governança da existência irredutivelmente informada pelo poder.

São muitas as possibilidades apresentadas para conciliar os axiomas 1 e 4. Uma delas seria provincializar as ontologias e epistemologias ocidentais. Vemos isso, por exemplo, no trabalho de Isabelle Stengers, quando ela analisa como a profissionalização dos cientistas no início do século xix impediu "o desafio de desenvolver uma percepção coletiva da particularidade e do caráter seletivo de seu próprio estilo de pensamento".[17] Outra opção seria situar a história do pensamento matemático e científico ocidental fora do Ocidente – por exemplo, o surgimento de várias teorias sobre os números, a álgebra e a geometria no Norte da África. É possível demonstrar que

---

16 Da Silva afirma que conceitos filosóficos e governamentais do Ocidente, tais como *cidadão, sujeito, democracia* e assim por diante, foram desenvolvidos no colonialismo racializado e lhe servem de justificação / legitimação – ou seja, o imaginário racial é parte e fração irredutível desses conceitos. Por isso, o pensamento político radical que reutiliza tais conceitos está simplesmente ampliando essa lógica racial. Ver Denise Ferreira da Silva, *Homo Modernus*, op. cit.

17 Isabelle Stengers, *Uma outra ciência é possível. Manifesto por uma desaceleração das ciências*, trad. Fernando Silva e Silva. São Paulo: Bazar do Tempo, 2023, p. 117.

a base dessas ciências tem uma origem comum ou múltiplas origens. O pensamento ocidental não poderia mais afirmar que se desenvolveu de si próprio; ao contrário, ficaria demonstrado que ele surgiu *por meio de, dentro de* ou *de* outras tradições. Mais do que perguntar o que são as ciências ocidentais e como se diferenciam de outras tradições, perguntaríamos como o pensamento ocidental extrai sua essência do apagamento das fontes não ocidentais de seu próprio substrato. Se não quisermos pensar em termos de extração, poderíamos considerar que o pensamento ocidental como sendo mediado por seu encontro com outros pensamentos, como Barbara Glowczewski demonstrou em sua tese a respeito da importância dos modos de pertencer uns aos outros e ao mundo mais-que-humano dos indígenas australianos para o desenvolvimento do conceito de ecosofia em Guattari.[18] Essa abordagem genealógica do conhecimento iria costurar a leitura de Haraway da ciência da simbiogênese de Lynn Margulis e o conceito de xenogênese de Octavia Butler, e a conclusão seria que aquilo que, de certo ponto de vista, parece ser uma questão puramente biológica torna-se uma história da necessidade, ancestral e atual, dos afro-americanos e outros de se adaptar e de sobreviver em ambientes hostis.[19]

Para mim, qualquer uma dessas escolhas estratégicas é viável se, e somente se, elas não invertem simplesmente os axiomas, mas tornam irrelevante e impraticável qualquer questão ontológica que não comece e termine pela história do poder. Uma forma sutil de dizê-lo: o que importa realmente? Importa, antes de tudo, o enunciado abstrato, o lugar abstrato onde ninguém nunca porá os pés? Ou será que, antes de tudo, importa a concretude difusa das costuras e sedi-

---

18 Barbara Glowczewski, *Indigenising Anthropology with Guattari and Deleuze*. Edinburgh: Edinburgh University Press, 2019.

19 Sobre a potência desse tipo de mobilização, ver Maria Aline Ferreira, "Symbiotic Bodies and Evolutionary Tropes in the Work of Octavia Butler". *Science Fiction Studies*, v. 37, n. 3, 2010, pp. 401-15.

mentações que emergem e afundam nas águas subterrâneas da existência como efeito do poder colonial? Um jeito mais duro de dizê-lo: todo enunciado ontológico depende e deve depender de uma análise histórica e política do poder. As leitoras e leitores podem discordar, argumentando que a maioria dos pesquisadores que defendem o enunciado da existência entrelaçada faz isso justamente para intervir nas formas vigentes de injustiça. Nesse caso, permitam-me reiterar o que afirmei no início deste capítulo – estou tentando entender como um argumento que começa com um enunciado ontológico e passa para as implicações sociais, políticas e históricas desse enunciado recapitula uma forma da razão colonial, quando sua intenção é confrontá-la e desvendá-la. Para demonstrar o porquê, retorno a uma conversa que mencionei na introdução deste livro: as diferentes abordagens da construção de um conceito. Em vez de *Poética da relação*, de Glissant, e *O que é a filosofia?*, de Deleuze e Guattari, vamos dar uma olhada no trabalho desses autores sobre o poder rizomático.

A longa amizade intelectual entre Glissant, Deleuze e Guattari é bastante conhecida. Glissant teve seu primeiro contato com Guattari nos anos 1980 e foi através dele que, mais tarde, conheceu Deleuze.[20] Como observou Neal A. Allar, as "palavras que demarcam o tempo, como *influência* e *antecedente*", constantemente impõem uma hierarquia intelectual em que havia uma relação recíproca.[21] Nick Nesbitt afirma que Glissant já havia desenvolvido as bases fundamentais de sua teoria crítica, apesar de Guattari e Deleuze terem influenciado "profundamente" seu pensamento. Ele era "tão

---

20 François Dosse, *Gilles Deleuze and Félix Guattari: Intersecting Lives*. New York: Columbia University Press, 2010.

21 Allar observa que Glissant vinha desenvolvendo o conceito de relação em sua poesia muito antes do fortuito encontro de 1980. Neal A. Allar, "Rhizomatic Influence: The Antigenealogy of Glissant and Deleuze". *Cambridge Journal of Postcolonial Literary Inquiry*, v. 6, n. 1, 2019, p. 2.

inventor de conceitos" quanto os outros dois.[22] Uma coisa é certa: as convergências e divergências conceituais entre eles giravam em torno, entre outras coisas, dos conceitos de relação (Glissant) e rizoma (Deleuze e Guattari), nomadismo circular e nomadismo em flecha (Glissant) e nomadismo (Deleuze e Guattari), os três mundos (Glissant: todo-mundo, eco-mundo e caos-mundo) e territorialização (Deleuze e Guattari), o aberto (Glissant) e a multiplicidade unívoca (Deleuze e Guattari).

Consideremos, por exemplo, as diferenças amplamente conhecidas do debate sobre as possibilidades políticas do movimento rizomático nos trabalhos de Deleuze e Guattari e de Glissant. Para Karen Barad, a forma e a dinâmica do conceito de rizoma em Deleuze e Guattari condizem com a compreensão quântica do entrelaçamento político e ético.[23] A fronteira rizomática é orgânica, mecânica e quântica – um pedaço de gengibre e uma fila de formigas; a internet; a natureza "agora você vê, agora não vê" do gato de Schrödinger. A raiz pode estar quebrada, o ninho desfeito, as rotas informacionais fechadas, os objetos perturbados pela lógica quântica. Mas todos têm um recomeço – a raiz agora tem duas superfícies separadas pelas quais ela pode se reconstituir e voltar a crescer; as formigas saem em busca de novas trilhas; o hacker abre portais; o gato ri. O rizoma não se importa de se mover pela malha, porque ela oferece condições para a sua disseminação espacial. Coloque qualquer coisa no caminho do rizoma e ele simplesmente muda de forma. Ele absorve o ambiente ao seu redor e vira outra coisa qualquer, sem remorso, sem culpa, sem vergonha, porque o múltiplo é seu devir potencial. Tem quem acredite que esse devir faz da fronteira rizomática um espaço de movimento radical. Em nítido

---

22 Nick Nesbitt, "The Postcolonial Event: Deleuze, Glissant and the Problem of the Political", in Paul Patton e Simone Bignall, *Deleuze and the Postcolonial*. Edinburgh: University of Edinburgh Press, 2010, pp. 103-18.

23 K. Barad, *Meeting the Universe Halfway*, op. cit.

Os quatro axiomas da existência

contraste com o soberano e suas fronteiras, o movimento do rizoma é "acentrado, não hierárquico e não significante, sem General, sem memória organizadora ou autômato central, unicamente definido por uma circulação de estados".[24]

De modo algo distinto, Glissant analisa o enraizamento rizomático sob a perspectiva de dois tipos de nomadismo – nomadismo circular e nomadismo invasor ou em flecha. Glissant argumenta que, antes da colonização, os povos aruaques praticavam uma forma de nomadismo circular. Eles navegavam entre as ilhas caribenhas, mudando-se de uma para outra até retornar à primeira. Os aruaques e outros povos indígenas não eram os únicos a praticar o nomadismo circular. Os trabalhadores assalariados também o praticavam, peregrinando de fazenda em fazenda, e os artistas circenses, que iam de cidade em cidade. Para Glissant, essa forma de movimento é motivada por uma necessidade específica e não por audácia ou agressão. Quando parte do território se esgota, o grupo se desloca para outro lugar, abandonando a área anterior pelo tempo necessário para que ela se recomponha e o grupo possa retornar. A função do movimento é garantir a sobrevivência do grupo, revitalizando a área em sua ausência.[25] O nomadismo em flecha é um tipo de movimento rizomático muito diferente. "Os hunos, por exemplo, ou os conquistadores espanhóis" aperfeiçoaram o nomadismo invasor com o objetivo de "conquistar as terras pelo extermínio de seus ocupantes".[26] Como os pontas de lança de uma praga que se espalha, mas da qual se acreditam imunes, "os conquistadores são a raiz móvel e efêmera de seu povo".[27] Não importa por onde se metam.

---

24 G. Deleuze e F. Guattari, *Mil platôs*, op. cit., p. 43.
25 Édouard Glissant, *Poética da relação*, trad. Marcela Vieira e Eduardo Jorge de Oliveira. Rio de Janeiro: Bazar do Tempo, 2021, p. 35.
26 Ibid.
27 Ibid., p. 37.

A partir do momento que observamos o nomadismo em suas múltiplas modalidades, não podemos mais ignorar a amnésia rizomática do nomadismo em flecha – ele não se lembra onde começou nem para onde vai. Em última instância, como constatou Glissant, isso vale também para o fato de esse nomadismo se enraizar, cercar e exaurir por completo tudo o que toca; em última instância, esse movimento sem memória nem remorso sufoca tudo o que encontra. Assim, em 1492, um rizoma protestante, separado de um bulbo europeu cristão, fibroso e em pleno desenvolvimento, flutuou até as Américas em um nomadismo em flecha, marcando o início de seu processo de enraizamento reterritorializado. Esse rizoma de ocupação colonial se desfez de bom grado de sua forma anterior e declarou seu novo devir, uma libertação de tudo o que existia antes, uma nova Jerusalém, um modo de socialidade que estava inexoravelmente em toda parte, sem remorso. Ele revolveu profundamente o solo e mudou a natureza da ecologia. Como formigas invasoras, beneficiou-se das migalhas oferecidas ou deixadas para trás. A física newtoniana não atravancou seu caminho. Cada obstáculo era uma oportunidade para enxamear. Contornou as barreiras e declarou que sua nova forma era resultado de seu próprio fazer. Nada nessa forma do rizoma toma partido. Ao contrário, ele se envolve em um jogo permanente de espionagem e contraespionagem, insurgência e contrainsurgência. De bom grado, os hackers pegam carona nos negócios familiares, nas empresas internacionais ou nos órgãos governamentais. A Agência de Segurança Nacional dos Estados Unidos recorre a hackers para hackear o telefone de um terrorista. O limite é onde quer que haja possibilidade de movimento.

Portanto, mais do que entrar em uma discussão sobre quem influenciou quem, deveríamos nos concentrar nos contextos socio--históricos nos quais esses homens situaram seus debates conceituais, bem como o que determinados conceitos pretendiam criar ou corroborar. A compreensão de Glissant das múltiplas formas de nomadismo do rizoma é fundamental não pela distinção em si, mas pelo modo como a distinção ilumina a irredutibilidade política do pensamento conceitual que torna irrelevantes, se não impraticáveis, certos modos de pensar sobre os axiomas 1, 2 e 3. Como argumenta An Yountae, se deixarmos de conceber a teoria como algo que emana da Europa e se espraia para outros mundos, então o trabalho conceitual de pensadores como Glissant poderá alterar nossa compreensão não apenas das múltiplas trajetórias e terrenos da teoria, mas também do que a teoria tenta fazer.[28] O intuito de moldar uma ontologia não é a existência abstrata, mas o cultivo de um "forte senso de responsabilidade ética e compromisso com a memória mal-assombrada, o trauma histórico e a factualidade da morte que envolve o sujeito colonial".[29] Isso é fundamental para compreendermos por que Glissant inicia *Poética da relação* com a barca aberta e seus três mundos (todo-mundo, eco-mundo, caos-mundo).[30] Em vez de uma discussão sobre como ou se esse barco e esses mundos se aplicam ou são extensíveis ao entendimento deleuziano da multiplicidade unívoca, podemos ver como Glissant enraíza sua teoria não no nomadismo circular dos aruaques pré-coloniais ou na guerra nomádica da invasão europeia, mas em uma situação específica, o barco à deriva, ou o que Christina Sharpe chamou de estar no vestígio.[31]

A primeira escuridão foi ser arrancado do país cotidiano, dos deuses protetores, da comunidade defensora. Mas isso ainda não é nada. O exílio é suportável, mesmo quando ele fulmina. A segunda noite foi a da tortura, a da degeneração do ser, vinda de tantos impensáveis suplícios. Imagine duzentas pessoas socadas em um espaço

---

28 An Yountae, "Beginning in the Middle: Deleuze, Glissant, and Colonial Difference". *Culture, Theory, and Critique*, v. 55, n. 3, 2014.
29 Ibid., p. 287.
30 John E. Drabinski, "Sites of Relation and 'Tout-Monde': Reflections of Glissant's Late Work". *Angelaki: Journal of the Theoretical Humanities*, v. 24, n. 3, 2019.
31 Christina Sharpe, *No vestígio: negritude e existência*, trad. Jess Oliveira. São Paulo: Ubu Editora, 2023.

onde mal caberia um terço delas. Imagine o vômito, a carne viva, os piolhos em profusão, os mortos caídos, os agonizantes apodrecidos. Imagine, se for capaz, a embriaguez vermelha das subidas na ponte, a rampa para subir, o sol negro no horizonte, a vertigem, o clarão do céu chapado sobre as ondas. Vinte, trinta milhões, deportados por dois séculos e mais. A usura, mais duradoura do que um apocalipse. Mas isso ainda não é nada.[32]

Nesse barco, três abismos se abrem de modo radical: o abismo do ventre do barco, o abismo das profundezas do mar e o abismo da travessia sem a arrogância do autoproclamado povo escolhido. ("Os povos que frequentaram o abismo não se vangloriam de terem sido eleitos. Eles não pensam que estão dando luz às potências das modernidades. Eles vivem a Relação, que eles semeiam conforme o esquecimento do abismo lhes vem e na mesma medida em que sua memória se fortalece.")[33] Nesses três abismos, africanos escravizados experimentaram o caos-mundo – a multiplicidade radical da relação que "te dissolve, te atira num não mundo em que você berra".[34]

Glissant não apenas faz um uso político e histórico do conceito de relação, como também sinaliza que todo conceito é uma precipitação de pontos específicos das zonas diferenciais do entrelaçamento da existência criado pelo colonialismo e para eles. Consequentemente, as questões são desde o início: quais conceitos emergem das zonas diferenciais? Quem e o que carregam a marca dessas experiências? Que formas e práticas podem se imiscuir no arranjo desses entrelaçamentos? É exatamente para isso que Allar chama a atenção ao discutir a fonte da noção de Relação em Glissant como sendo "o corte de genealogias e da ausência do que ele chama de um *arrière-pays culturel* ('uma periferia cultural') que poderia

---

32 É. Glissant, *Poética da relação*, op. cit., p. 29.
33 Ibid., p. 32.
34 Ibid., p. 30.

ancorar um projeto de recuperação cultural nas Antilhas pós-escravidão; a Relação descreve o processo de entrelaçamento e amálgama que resulta dessa irreversibilidade".[35]

Importa que o conceito de relação de Glissant não seja igualmente verdadeiro para todas as pessoas, em todos os lugares e antes de tudo? A irredutibilidade da natureza histórica da relação que emerge dos abismos desse barco é menos verdadeira, menos decisiva no modo como começamos nosso trabalho conceitual? Minha resposta é não. Não precisamos ontologizar a relação que emergiu desses três abismos para entender que eles criaram um entrelaçamento social e político que segue dominando o mundo. Glissant nos permite ver os quatro axiomas da existência como uma batalha pela classificação das coisas que nos importam e das quais cuidamos. No fim das contas, o axioma 1 não tem importância política ou social. Ele se torna social ou político apenas quando qualificado pelo axioma 2. O axioma 2 é explicado pelo axioma 3 na medida em que as múltiplas formas e o colapso dos eventos políticos drenam a energia necessária para que regiões específicas da existência possam assegurar ou rearranjar as forças diferenciais. Todos esses três axiomas surgem das histórias específicas da escravidão e do colonialismo (e, portanto, da pré-história do liberalismo e do capitalismo) que criaram o atual arranjo da existência baseado em um tipo específico de Homem e em sua recusa a tomar para si apenas a parte que lhe cabe por direito.

Reflexos axiomáticos

Agora, vou focar o modo como a lógica narrativa desses axiomas altera nossos reflexos e instintos políticos, mostrando como pesquisadores têm se vinculado ao que Nikhil Anand chama de "cidadania

---

35 N. Allar, "Rhizomatic Influence", op. cit., p. 2.

hidráulica" – a revelação simples, mas poderosa, de que a distribui-ção desigual de água potável é um reflexo da catástrofe ancestral do colonialismo.[36] Como seria nossa atuação diante da questão da justiça hídrica se partíssemos do axioma 4 e nunca saíssemos dele? A política hídrica é especialmente relevante para a força narrativa desses axiomas, uma vez que, segundo Anand, os direitos à infraes-trutura hídrica não deveriam ser considerados "do ponto de vista ontológico antes do político e tampouco são mero efeito da organi-zação social".[37] Longe disso, a água é parte da história *geontológica* da materialização diferencial e da *persistência* – a cidadania hídrica é uma *manifestação* do alcance da catástrofe colonial na atualidade. A crise provocada pela covid-19 em Detroit explicita esse ponto de maneira aterrorizante, como mostrou Nadia Gaber.[38] Aqueles que trazem no corpo a realidade da catástrofe ancestral do colonialismo e da escravidão estão mais expostos aos danos causados pelo vírus e são vulnerabilizados pela falta de infraestrutura hídrica, em com-paração com os subúrbios predominantemente brancos.

Embora o estudo etnográfico de Anand esteja focado na infraes-trutura hídrica de Mumbai, ele conclui falando sobre a crise hídrica de Flint e lembra aos leitores e leitoras que "os canos furados de Mumbai, que estouram em ambientes de degradação, não são uma metonímia das cidades do Sul Global". Ele adverte que, ao "tomar as cidades do Sul como lugares definidos por uma infraestrutura disfuncional e distinta, corremos o risco de deixar passar os modos pelos quais essa infraestrutura também divide e diferencia os cida-dãos no Norte Global".[39] Geralmente essas divisões são marcadas

---

36 N. Anand, *The Hydraulic City*, op. cit., p. 7. Ver também Antina von Schnitzler, *Democracy's Infrastructure: Techno-Politics and Protest after Apartheid*. Princeton: Princeton University Press, 2016.

37 N. Anand, *The Hydraulic City*, op. cit., p. 13.

38 Nadia Gaber, "Blue Lines and Blues Infrastructure: Notes on Water, Race, and Space". *Environment and Planning D: Society and Space*, v. 39, n. 6, 2021.

39 N. Anand, *The Hydraulic City*, op. cit., p. 225.

por raça e classe, colonos e indígenas. Tess Lea e Kirsty Howey, por exemplo, mapearam as fontes de água potável protegidas no Território do Norte na Austrália e mostraram a estreita relação entre o colonialismo de ocupação e as fontes de água potável (Figura 1). Mas, como argumentou Achille Mbembe, o que o Ocidente testa nos espaços colonizados eventualmente retorna à sua origem. É o caso dos direitos hídricos. Apesar de a privatização da infraestrutura hídrica ter começado no Sul Global, Andrea Muehlebach documentou como essas infraestruturas neoliberais atingiram o coração da Europa, inspirando revoltas antiprivatistas na Irlanda e na Itália.[40]

Nos Estados Unidos, o exemplo público mais recente de cidadania hidráulica encontra-se em Flint, cidade majoritariamente afro-americana.[41] A história da crise foi narrada muitas vezes.[42] Flint esteve sob estado de emergência entre 2002 e 2004 e, de novo, a partir de 2011, formando o que Catherine Fennell chama de um intenso "choque de segregação, racismo e austeridade" – ou seja, austeridade para alguns e não para outros.[43] Aos gestores municipais com supersalários e pouca experiência foi dado o poder de "destituir representantes locais eleitos, tomar decisões unilaterais sobre finanças e segurança pública, rescindir ou modificar contratos e vender bens públicos".[44] No dia 6 de abril de 2013, o novo gestor de emergências da cidade, Ed Kurtz, informou ao chefe do tesouro estadual, Andy Dillon, que, buscando cortar gastos, Flint

---

40 Andrea Muehlebach, *A Vital Frontier: Water Insurgencies in Europe*. Durham: Duke University Press, 2023.

41 Para um panorama geral, ver Andrew R. Highsmith, *Demolition Means Progress*. Chicago: University of Chicago Press, 2015.

42 A síntese a seguir é uma adaptação do texto de Merrit Kennedy, "Lead-Laced Water in Flint: A Step-by-Step Look at the Makings of a Crisis". *The Two-Way:* NPR, 20 abr. 2016. Disponível on-line.

43 Comunicação pessoal, 19 fev. 2018.

44 Susan J. Douglas, "Without Black Lives Matter, Would Flint's Water Crisis Have Made Headlines?". *In These Times*, 10 fev. 2016. Disponível on-line.

estava saindo do Departamento de Saneamento Básico de Detroit para construir sua própria rede de fornecimento de água e se conectar à Autoridade Hídrica Karegnondi. Até a rede ser construída, a cidade dependeria da água proveniente do rio Flint, notório por ser altamente poluído. Em vez de tratar de imediato a água antes de distribuí-la para as residências, os gestores decidiram "pagar para ver". (Depois, o chefe do departamento estadual de saúde e quatro outros servidores foram indiciados por homicídio culposo.)[45] Os habitantes prestaram queixa imediatamente. Os servidores orientaram os residentes a ferver a água, na prática responsabilizando os indivíduos pela purificação da água fornecida. Depois aumentaram a quantidade de cloro despejada no sistema hídrico – em um nível tão corrosivo que a General Motors parou de usar a água de Flint por conta do dano causado a objetos metálicos.

Antes que a austeridade hídrica racializada chegasse a Flint, outras toxinas se infiltraram na água. Em uma reportagem sobre os cinquenta anos da crise hídrica, o jornal *Los Angeles Times* destacou a longa luta ambiental de Ailene Butler, uma afro-americana residente em North End:

> Butler tinha uma funerária não muito longe de um gigantesco complexo de fábricas da General Motors que produzia muita fumaça. Sobrevivente de um câncer de garganta, ela falou longamente sobre as condições pavorosas de sua vizinhança. "A poluição do ar causada pelas fábricas está acontecendo há aproximadamente dezoito anos [...] As casas do bairro foram engolidas por uma poeira densa, algo parecido com ferrugem [...] imagine como é respirar aqui, a coisa é bem material".[46]

---

45 Scott Atkinson e Monica Davey, "Five Charged with Involuntary Manslaughter in Flint Water Crisis". *The New York Times*, 14 jun. 2017. Disponível on-line.
46 Andrew R. Highsmith, "Op-Ed: Flint's Toxic Water Crisis Was 50 Years in the Making". *Los Angeles Times*, 29 jan. 2016. Disponível on-line.

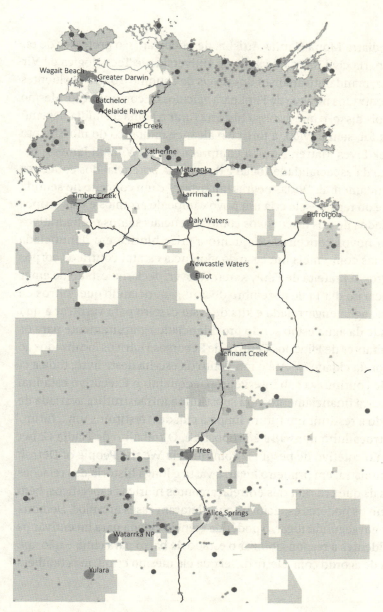

Figura 1.1 Uma homologia cicatricial

A pediatra Mona Hanna-Attisha, de Michigan, e o professor de engenharia civil Marc Edwards, da Universidade Tecnológica da Virgínia, mandaram análises dos níveis de chumbo e outros poluentes encontrados na água de Flint para veículos de comunicação. Mesmo depois disso, o que fez essa história furar a bolha da mídia hegemônica foi, sem dúvida, a força e o alcance midiático do movimento Black Lives Matter. Aqui, a compreensão de William James a respeito da espacialidade social e da energia potencial dos conceitos é fundamental. "Vidas negras importam" é um conceito no sentido forte do termo – ele cria um novo campo de arranjos e expõe tipos variados de fios discursivos como potenciais signos prefigurativos para novos conceitos. Enquanto a crise hídrica era denunciada apenas como mais um caso da violência estatal contra os corpos negros, a prefeita de Flint, Karen Weaver, declarou estado de emergência no dia 14 de dezembro de 2015, anunciando que "filtros de água, água engarrafada e kits de teste caseiro para verificar a qualidade da água estão sendo providenciados gratuitamente para os habitantes de Flint nos Centros de Recursos Hídricos localizados ao redor da cidade".[47] Até o momento da escrita deste livro, toda a cidade continuava sob intervenção, enquanto o Executivo estadual buscava financiamento para substituir a infraestrutura avariada de modo a restituir um futuro limpo à cidade ("restituir... um... futuro" – o trocadilho *nonsense* é proposital). O trabalho de Nadia Gaber com o coletivo de pesquisa comunitária We the People of Detroit demonstra, em primeiro lugar, a vasta e longa história das relações raciais que criaram tais entrelaçamentos hídricos específicos, bem como os poderes específicos que afetaram esses arranjos. Demonstra, em segundo lugar, o poder da ciência cidadã para incentivar os "residentes a responsabilizar o estado de baixo para cima – não apenas de acordo com a letra da lei que ele mesmo criou, mas também

---

47 Ver a Declaração de Estado de Emergência de Flint. Disponível on-line.

Os quatro axiomas da existência

segundo os parâmetros éticos do direito humano à água [potável]".[48] Essa forma de ativismo é primordial no momento em que a covid-19 exige água limpa para garantir o distanciamento social e a higiene pessoal, além de evidenciar como a distribuição de água nos Estados Unidos é profundamente desigual em termos de raça.[49]

A esta altura, começamos a entender as consequências problemáticas das respostas liberais à crise da contaminação da água em Flint e em outros lugares. O apelo para que as toxinas sejam eliminadas, as áreas contaminadas sejam limpas e os residentes tenham acesso à infraestrutura compartilhada não sinaliza uma crença num futuro comum, mas uma rejeição teimosa do presente. Aqueles que há muito tempo se beneficiam de um arranjo entrelaçado recusam-se a ser coagidos ou dissipados por um novo arranjo. Os três passos – eliminar, substituir e recuperar – desviam a atenção do fato de que certas áreas são livres de poluição porque a poluição foi enterrada em outro lugar. Também desviam a atenção do fato de que recuperar um lugar depende da destruição de outro. Não se trata de um presente comum e distinto. A reação liberal à sua própria toxicidade distribuída é sintoma e diagnóstico de suas redes de obstrução e negação. Ou seja, certas regiões são constituídas e sustentadas pelo desmantelamento e pela destruição de outras regiões: eles deixam para trás químicos usados para separar metais e minérios, fungos que prosperam em campos adaptados aos tratores, ventos e águas anômalos quando as árvores são arrancadas.

A necessidade de construir infraestrutura adequada para aqueles que não têm nenhuma é a resposta das famílias heteronormativas brancas quando, mais uma vez, são forçadas a reconhecer que não há absolutamente nada fantasmagórico nos circuitos e transposi-

---

48 N. Gaber, "Mobilizing Health Metrics for the Human Right to Water in Flint and Detroit, Michigan". *Health and Human Rights Journal*, v. 21, n. 1, 2019, p. 180.
49 Nina Lakhani, "Millions in us at Risk of 'Water Shut Offs' amid Layoffs Triggered by Pandemic". *The Guardian*, 6 abr. 2020. Disponível on-line.

ções que conectam o corpo "comum" de uma parte do mundo a outra. Em outras palavras, o corpo comum ainda não é reconhecido como sendo comum. A psiquê das cidades e subúrbios ricos está mergulhada na negação. Recusam-se a admitir que, para construir uma infraestrutura nova, são necessários materiais encontrados longe de suas regiões, arrancados da terra de outras pessoas, fabricados de uma maneira tal que um outro conjunto de terras e povos é contaminado. O que as famílias brancas heteronormativas nunca permitirão é que esses outros se mudem para seus bairros ou que seus canos sem chumbo sejam arrancados e trocados por outros. Isso vale também para os Estados-nação que assinam tratados sobre a mudança climática. Assinar – ou não – é em si mesmo negar que eles não seriam o que são sem as passagens subterrâneas e os caminhos terrestres que devastam uma área em benefício de outra. Como Césaire, Arendt e Mbembe argumentam, uma hora ou outra os esgotos vão transbordar. Então não haverá nada mais a devorar, exceto seu próprio *self* contaminado. Alguém tem de assumir o prejuízo. É eticamente sensato que aqueles que produziram a distribuição de mercadorias e lixo, beneficiando-se dela, sejam os primeiros a recolhê-los?

Em outras palavras, a crise hídrica faz parte de uma série de pequenos e grandes eventos, intensidades e intensificações que perpetuaram a especificidade do entrelaçamento de uma certa topologia de riqueza e poder. Para que alguns corpos conservem uma forma purificada, outros precisam beber esgoto – o dinheiro precisa ser descontado de alguém para ser somado a alguma outra parte; o material para construir infraestrutura de saúde precisa ser retirado de algum outro lugar. O trabalho de Myra Hird sobre o mito da reciclagem é potente. Reciclar não significa reaproveitar o lixo para a fabricação de novos produtos, mas sim transferir o lixo das áreas ricas para o Sul Global ou o distante norte indígena.[50] Aqueles que

---

50 Myra J. Hird, "The Phenomenon of Waste-World-Making". *Rhizomes: Cultural Studies in Emerging Knowledge*, v. 30, 2016.

Os quatro axiomas da existência

se beneficiam da maneira como materiais se deslocam globalmente não demonstram quase nenhuma obrigação com relação aos espaços devastados dos quais dependem. Fingem que eventos ocorridos em outros lugares estão relacionados a eles apenas por uma espécie de conexão espectral, por ações fantasmagóricas a distância. Eles negam sua relação com a devastação a distância, com a ligação entre a comida saudável, a água potável e o ar limpo a que têm acesso e os aterros tóxicos em outros lugares.

Se tomarmos como modelo o trabalho de Michelle Murphy sobre projetos de recuperação ambiental dos Grandes Lagos, essa tentativa de eliminar contaminantes, substituir o que foi eliminado por versões limpas do mesmo e restaurar (ou recuperar) as condições originais de uma área caracteriza as estruturas internas de negação do liberalismo tardio quanto a sua própria produção tóxica. Tal negação toma a forma da proposição de que o melhor caminho a seguir é criar uma infraestrutura pela qual todo mundo consiga recuperar uma vida em que a comida e a água são, presumivelmente, saudáveis e seguras para consumo. Certamente, liberais tardios reconhecem que também é necessário recuperar a confiança. No entanto, assim que o racismo se mostra ativo, o único problema é dizer "não" ao racismo e buscar financiamento para se livrar do mal elemento e ampliar a fundação. Nada nessas proposições faz alusão ao que está sendo recuperado, para quê nem para quando. As terras indígenas estão sendo recuperadas de acordo com as suas condições pré-coloniais? Ou para os seus povos? Certamente deveríamos desconfiar de que a propagação conceitual dos quatro axiomas da existência apresenta as ações éticas e políticas apenas como um chamado nada surpreendente para que aqueles que têm sofrido os efeitos da devastação causada pelo capital extrativo recebam o mesmo que aqueles que se beneficiaram do capital – com um pedido de desculpas pelo atraso, enquanto se arrecadam fundos.

De que maneira a inversão da ordem narrativa dos quatro axiomas da existência mudaria a forma de reação do liberalismo tardio à cidadania hidráulica? No mínimo, a questão ontológica desmoronaria no axioma 4 – ela não seria mais necessária. Sem dúvida, afetos e reações políticas não podem mais se esconder sob abstrações como "eu-você-nós-aqui-agora", "aquilo-eles-lá-além" e "meu-seu-deles-além-aqui-agora", já que precisam estar fundamentados em um *mais ou menos eu, mais ou menos você, mais ou menos algo, mais ou menos agora*, e assim por diante. Em *Economies of Abandonment*, utilizo o conto "The One Who Walked Away from Omelas" ["Aqueles que abandonam Omelas"], de Ursula Le Guin (1973), para argumentar algo parecido. O conto de Le Guin imagina uma cidade onde a felicidade e o bem-estar de seus habitantes dependem de uma criança pequena, mantida presa e torturada dentro de um armário escuro e minúsculo. Interpreto o conto de Le Guin como uma rejeição à ética liberal da empatia. O imperativo ético é ter consciência de que a nossa boa vida depende – é coagida a depender – do cárcere e tortura da criança, consequentemente ou abdicamos da nossa felicidade e saúde perfeitas (e da ideia de que a experiência da saúde e da felicidade é nossa), ou reafirmarmos nosso compromisso com a atual organização distribuição de poderes e afetos. No fim da história, algumas pessoas abandonam Omelas e seu paradoxo. Os moradores de Omelas podem caminhar quanto quiserem, mas não saem da cidade enquanto ela própria não for desmantelada, ou eles se permitirem ser menos perfeitos, abdicando de partes da vida perfeita em favor da menina presa no armário.

Acho, porém, que há muito mais em jogo além da percepção de que estamos todos apenas *mais ou menos aqui*. Penso, por exemplo, que a poética da relação de Glissant põe em cena um início diferente da política. A política da relação que se iniciou nos navios tumbeiros no Atlântico não exige nem divisões rígidas entre o eu e o tu, o nós e o eles, nem o afeto da empatia. Também não começa por um gesto universitário de *mais ou menos nosso, mais ou menos aqui, mais ou menos nós*. Uma diferença entrelaçada globalizante – um diferencial – surgiu no movimento desses navios de morte, nos quais os bons corpos e as boas sociedades de alguns seriam construídos sobre a destruição sádica e causal de outros corpos e sociedades. Não é preciso se colocar empaticamente no barco; já estamos todos lá, mas de modos distintos. Glissant, portanto, coloca o dedo na ferida de duas fantasias liberais. A primeira é o fato de que aqueles que se beneficiaram da extimidade da existência podem simplesmente deixar para trás seus diferenciais injustos. A outra é que o remédio para os condenados da terra é compreender a extimidade da existência como reveladora do que está sucedendo a todos nós ou corrigindo-a de modo que não afete a todos. Vemos os elementos dessa segunda fantasia na crise de Flint. Um de seus desdobramentos foi a publicização de uma crise geral na infraestrutura nacional. De repente, outras comunidades estavam se perguntando se havia toxinas em sua água, em suas terras, no ar, fazendo surgir um novo movimento chamado "tecnociência cidadã".[51] Em outras palavras, o diferencial sistemático da toxicidade se tornou um problema geral. A resposta perniciosa ao Black Lives Matter foi que todas as vidas importam, promovendo uma torção intencional (ou não) no ponto principal – que corpos negros e pardos realmente são tratados como se não importassem, e essa negligência mortal ou esse assassinato puro e simples estão costurados e são êxtimos à existência de outros corpos e suas infraestruturas.

Agora podemos lembrar o perigo do axioma 2, qual seja, não tomar uma equivalência semântica ("a existência de todos está distribuída na existência de todos os outros") como uma equivalência material. Nada nem ninguém pode ser um sujeito isolado, mas

---

51 Para uma história sobre raça, pobreza e toxicidade estrutural, ver Christopher Sellers, "The Flint Water Crisis: A Special Edition Environment and Health Roundtable" (*Edge Effects*, 24 fev. 2016). Para modos de ciência cidadã que emergiram dessa distribuição tóxica, ver Nicholas Shapiro, Nasser Zakariya e Jody A. Roberts, "A Wary Alliance from Enumerating the Environment to Inviting Apprehension" (*Engaging Science, Technology, and Society*, v. 3, 2017); e Tess Lea, "This Is Not a Pipe: The Treacheries of Indigenous Housing" (*Public Culture*, v. 22, n. 1, 2010).

a simples repetição desse fato não traz nenhum avanço político. A política emerge quando damos um passo a mais – que nada nem ninguém está desimpedido ou quase apartado do mesmo modo. A ideia segundo a qual certos tipos de coisas (por exemplo, pessoas brancas) são capazes de se virar sozinhas e, portanto, todo mundo (por exemplo, pessoas negras e pardas) também deveria ser capaz de fazê-lo não atende às condições do segundo axioma. É o que acontece com a política multicultural da tolerância – o Estado concede a pessoas indígenas, negras, pardas e *queer* o poder de resolver seus próprios problemas. A expressão *mais ou menos* interrompe esse duplo passo liberal, ainda que tenhamos de evitar tratá-lo como uma nova condição universal. Como argumenta o movimento Black Lives Matter, a violência contra pessoas negras não é visível apenas quando a polícia mata mais afro-americanos (em geral impunemente) do que outros cidadãos estadunidenses, mas quando estadunidenses brancos se recusam a reconhecer que seus corpos íntegros estão internamente amarrados ao que Sharpe chama de zonas de matabilidade negra.[52] A recusa dos negros estadunidenses de serem matáveis alia-se à recusa dos povos indígenas, como os Oceti Šakowin Sioux de Standing Rock, de ceder suas maneiras de relacionar-se com o mundo mais-que-humano.

Exigir que aqueles que se beneficiaram da criação e da fixação de venenos em outras zonas orgânicas e inorgânicas assumam a carga tóxica no intuito de reequilibrar essa história parece pressupor um sistema fechado. Um jogo de soma zero deveria pressupor que, se alguém extrai toxinas e as substitui por versões limpas delas mesmas, então um resultado igual e inverso ocorreria em outro lugar. No entanto, o axioma 1 insiste que o excesso existe em qualquer sistema e esse excesso é uma fonte inesgotável de um *de outra maneira* [*otherwise*], um mundo que existe na potencialidade de formular esse excesso numa atualidade. Todos esses rastros e rejeitos

---

52 C. Sharpe, *No vestígio*, op. cit., p. 41.

sedimentados, expelidos ou recém-criados pela pilhagem contínua da existência – eles não poderiam ser vistos por uma lente mais técnica e voltada para o progresso, de tal modo que construiriam um mundo novo e melhor? O que aconteceu com a imprevisibilidade e imponderabilidade da ação em cascata? A resposta é nada. Muito pelo contrário, é exatamente a reação em cascata das ações, dos rejeitos e desgastes que eles produzem que deve ser destacada, já que aqueles que se beneficiam do capitalismo liberal se recusam a abdicar de seus benefícios.

Talvez a nova ciência da gestão de resíduos que sonha transformar aterros tóxicos e inflamáveis em novos materiais e energia decomponha a decomposição sem precisar passar pela composição.[53] Enquanto isso, tudo está em suspensão, virou fantasma: o *onde* e, portanto, o *para quem* ficará a contaminação removida; o *de onde* e, portanto, o *para quem* serão retirados os materiais de substituição; e *o onde* e, portanto, sobre *quem* os rejeitos serão acumulados e os desgastes exercidos. Ken Saro-Wiwa e outros ativistas do Sul são formal e informalmente criminalizados por apontar as redes multinacionais que encheram os bolsos com o fluxo viciante da poluição das terras ogoni. O lixo separado e reciclado da vida de classe média no Norte é depositado na China e em terras indígenas.[54] As indústrias integradas de extração de matéria-prima, manufatura de mercadorias, transporte global e todo o trabalho intelectual mediado por máquinas ao redor dessas atividades vomitam poluentes e criaturas invasoras e exigem mais energia para seguir o frio curso de sua existência isolada de tudo que tenha tido contato com a vasta maioria das classes média e abastada.

---

53 Ver, por exemplo, Myra J. Hird, "Waste, Environmental Politics and Dis / Engaged Publics" (*Theory, Culture, and Society*, v. 34, n. 2/3, 2017); e Samantha MacBride, *Recycling Reconsidered: The Present Failure and Future Promise of Environmental Action in the United States* (Cambridge: MIT Press, 2013).
54 M. Hird, "The Phenomenon of Waste-World-Making", op. cit.

Os materiais utilizados como barreira entre o amianto e o solo, o chumbo e a água, os óleos tóxicos e os aquíferos oferecem temporalidades, materialidades e eventualidades diferentes em termos de rejeitos e desgastes daquelas das materialidades que compõem uma linha de pessoas protestando contra a expansão de um oleoduto que atravessa uma terra sagrada, de um lado, e, de outro, pessoas armadas até os dentes. Aqui, conseguimos passar das barreiras de formas e corpos variados (polícia, Sioux e seus aliados, pedra, poeira e cartazes) para o poder que elas têm de afetar os outros e restringir seus afetos. Se pensarmos em termos de rejeitos, barreiras e desgastes, podemos ver, com Standing Rock, não a Vida ou a Não Vida, mas as extimidades entre água, pessoa, lugar, chão. O que vemos é um esforço para barrar linhas de seres humanos, montanhas de ancestrais, forças de drenagem e escavação. É na interface êxtima e desgastada que novas formas estão emergindo. A questão é quais esforços e energias – que não necessitem das profundezas da filosofia ocidental ao estilo *Geist*-alma-espírito nem do capitalismo – estão direcionadas para quais regiões da nossa existência entrelaçada. Podemos começar, como sugere Glen Coulthard, pela proclamação de independência do povo Dene ou pela poética da passagem de Glissant. Isso começou de novo e de novo com tais poéticas e proclamações – e sem que tenha sido necessário recorrer a abstrações como a ontologia.

Os quatro axiomas da existência

2.

A toxicidade do liberalismo tardio

O *phármakon* do liberalismo tardio

Está quente e vai esquentar mais. Enquanto a máquina de extração, industrialismo e consumo do capital se recusa a abrir mão do controle, as temperaturas continuam a subir, os sistemas climáticos mudam, incêndios colossais e tempestades de areia se alastram, ilhas inteiras e modos de existência são enterrados em sepulturas de água salgada. Mas o superaquecimento que estamos sentindo não é meramente meteorológico. As mudanças atmosféricas são apenas um elemento da expansão cada vez mais acelerada da toxicidade duradoura do *liberalismo tardio*.

Caracterizar o liberalismo tardio como tóxico pode parecer, à primeira vista, uma simples metáfora. Tecnicamente, *toxicidade* faz referência àquelas substâncias que são biologicamente nocivas ou venenosas – coisas que têm a faculdade de causar danos às funções biológicas. A relação entre coisas tóxicas e atóxicas é menos uma linha e mais uma questão de grau. Toda substância tem a capacidade de tornar-se tóxica; todas as substâncias podem passar de remédio a veneno, de herói a bode expiatório.[1] Até a mais pura das águas pode ser tóxica para os seres humanos se for ingerida em quantidades suficientemente grandes. Por isso, a discussão médica a respeito da toxicidade destaca tradicionalmente os meios pelos quais as toxinas entram no corpo e a quantidade segura que um corpo pode absorver até ficar sobrecarregado. O superaquecimento climático, ainda que seja tecnicamente exterior ao corpo, pode prejudicar funções biológicas internas tão profundamente como qualquer toxina. Temperaturas elevadas não fazem literalmente o sangue ferver, mas causam um sério estresse às funções cardíacas, mesmo no indivíduo mais saudável, já que elevam o nível de ozônio e outros poluentes (polem e outros alergênicos), o que pode agravar significativamente doenças cardiovasculares e respiratórias preexistentes. Nesse sentido, o nível de calor resultante do aumento da temperatura e da umidade faz parte de uma expansão mais ampla das zonas inabitáveis. Não surpreende, portanto, que a recomendação de especialistas em políticas de mitigação dos efeitos das mudanças climáticas seja tão parecida com a velha recomendação para quem lida com produtos tóxicos: não deixe entrar (proteja-se com ar-condicionado e purificadores de ar) ou saia da área contaminada (junte-se à grande onda de migração climática). É difícil deixar passar as sinistras semelhanças com as estratégias de mitigação e contenção da pandemia de covid-19. Como observou Andrea Bagnato, com "a formação de novas redes de livre circulação" e "espaços urbanos permanentes", também veio "matéria indesejada, como vírus e bactérias", revelando "a natureza insensata das aspirações ocidentais de trazer ordem e civilização ao resto do mundo".[2]

---

1 Jacques Derrida, *A farmácia de Platão* [1968], trad. Rogério da Costa. São Paulo: Iluminuras, 2005.
2 Andrea Bagnato, "Microscopic Colonialism". *e-flux architecture*, 2017. Disponível on-line.

A toxicidade do liberalismo tardio

Afirmar que o liberalismo tardio ou formas anteriores de liberalismo são tóxicos depende de três modos diferentes de interpretar tal asserção: como uma metáfora para o liberalismo; como uma qualidade do liberalismo; e como um efeito do alinhamento do liberalismo ao capitalismo. Já que não pretendo que essa frase seja um mero floreio metafórico, como a toxicidade poderia caracterizar algo da dinâmica intrínseca do liberalismo tardio? Essas dinâmicas poderiam ser alteradas de tal maneira que o liberalismo deixasse de ser tóxico, mas permanecesse liberal?

Tendo em vista os objetivos deste livro, o presente capítulo está dividido em duas grandes seções. Na primeira, analiso a toxicidade da governança liberal tardia da perspectiva de uma dinâmica entre suas fronteiras e horizontes, seus fatos e normas, seus efeitos colaterais e promessas de redenção. Argumento que essas dinâmicas permitem que os contínuos danos do liberalismo sejam negados e, assim, separam o liberalismo da história de seus dejetos tóxicos. Em seguida, analiso como essas dinâmicas de negação funcionam na extração capitalista e em seus fundamentos geontológicos, alimentando uma máquina de extração incessante e distribuindo de maneira desigual suas colheitas tóxicas. A segunda seção analisa essas dinâmicas sob a perspectiva da catástrofe ancestral do colonialismo de ocupação, no qual a toxicidade do capitalismo liberal tardio faz ruir as normas, transformando-as em fatos, os horizontes em fronteiras, as intenções em efeitos. Em outras palavras, leio o liberalismo a partir do axioma 4 e não a partir de tentativas de definir, em abstrato, o liberalismo.

A catástrofe por vir

Se você estiver em certos lugares da Europa, dos Estados Unidos e da Austrália, vai ver uma multidão de pessoas das classes média e alta observam o horizonte. Muitos climatologistas disseram a essas pessoas que uma enorme tempestade climática e tóxica está se formando. É bem provável que a temperatura média do planeta aumente até 4 ºC. Nesse cenário, o efeito em cascata dos desastres vai inundar a atual configuração da existência – aumento do nível e da acidez dos oceanos, avanço da desertificação, destruição da diversidade, derretimento e desmoronamento das calotas polares, grandes incêndios e ciclones e assim por diante. Essas pessoas já estão sob esses efeitos, que só pioram com a recusa de governos e corporações locais e globais de tomar qualquer medida significativa. Ainda assim, essas pessoas observam o horizonte como se fossem ver a chegada da catástrofe ou um salvador parado lá. Em parte, a atual desorientação dos sujeitos liberais é que o horizonte ficou nebuloso de repente, depois de tanto tempo iluminado por possibilidades para quem agora o observa com horror. E se a única coisa no horizonte não fosse apenas uma, mas uma série de tempestades cada vez maiores – primeiro o colapso climático, depois a covid-19, em seguida uma mudança ambiental gigantesca? Como essas pessoas vão se reerguer, depois de ouvir por tanto tempo que o horizonte guarda a verdade, a bondade e a justiça do liberalismo, em oposição às fronteiras do dano onde o liberalismo implanta suas políticas amargas? Para explicar a intensidade da ansiedade expressa nos olhos esbugalhados da multidão, é útil relembrar a função do horizonte e da fronteira no liberalismo como mecanismos de negação.

Teóricos políticos da democracia radical, da democracia deliberativa e do excepcionalismo liberal indicam e tentam explorar a diferença aparentemente incomensurável entre o horizonte da promessa de justiça do liberalismo e as fronteiras dos seus danos reais. A diferença entre o horizonte liberal e suas fronteiras é captada e se manifesta em vários registros teóricos – norma e fato, reconhecimento da universalidade do humano e tratamento concreto do humano, inclusão universal e exclusões particulares. Como observou Adrian Little, para os estudiosos da democracia radical, como Ernesto Laclau, Chantal Mouffe e Wendy Brown, a meta é "instituir uma política focada nas exclusões e desigualdades que caracterizam os regimes democráticos liberais".[3] Trata-se de uma busca por uma norma, dinâmica ou princípio comum que possa funcionar como a base da inclusão universal ou da autorregulação permanente e generalizada. Em *Quadros de guerra*, por exemplo, Judith Butler ancora a revitalização da democracia liberal não na radicalidade da abertura da subjetividade, tal como havia sugerido em trabalhos anteriores, mas no que ela entende como a qualidade humana ontologicamente compartilhada de vulnerabilidade e, portanto, de possibilidade de luto.[4] Para outros, como Martha Nussbaum, a legitimidade da política liberal está assentada no modo como ela possibilita, coletivamente, a capacidade de todas as pessoas, não apenas daquelas para as quais um mundo liberal foi construído. Segundo Nussbaum, a legitimidade de um mundo liberal deve ser julgada com base em suas fronteiras – aqueles que aterrissam ou são colocados na fronteira de uma certa organização social da capacidade.[5] O horizonte de uma inclusão plena oferece um ideal imaginário e um sentido normativo pelos quais o liberalismo deve se orientar e usar de parâmetro para avaliar seu estado de coisas. Em oposição a tais normas fixas, Jürgen Habermas entende fatos e normas (práticas reais e horizontes de orientação) como substâncias que se deslocam.

---

3 Little argumenta que seu trabalho é uma reconstituição, mais do que uma adesão crítica, da veneração sacrossanta da democracia. Adrian Little, "Democratic Melancholy: On the Sacrosanct Place of Democracy in Radical Democratic Theory". *Political Studies*, v. 58, n. 5, 2010, p. 971. Ver Ernesto Laclau, *Razão populista* (trad. Carlos de Moura. São Paulo: Três Estrelas, 2013); Chantal Mouffe, *Agonistics: Thinking the World Politically* (London: Verso, 2013); Wendy Brown, *Undoing the Demos: Neoliberalism's Stealth Revolution* (Cambridge: MIT Press, 2015).

4 Judith Butler, *Quadros de guerra: quando a vida é passível de luto?*, trad. Sérgio Tadeu Limarão e Arnaldo da Cunha. Rio de Janeiro: Civilização Brasileira, 2015.

5 Nussbaum enumera várias dessas capacidades: vida, saúde, integridade física, sentidos, imaginação, pensamento, emoções, razão prática, filiação, outras espécies, jogo e controle sobre o ambiente. Martha C. Nussbaum, *Fronteiras da justiça: deficiência, nacionalidade, pertencimento à espécie*, trad. Susana de Castro. São Paulo: Martins Fontes, 2013.

Quando, no processo de deliberação, os cidadãos percebem que seus fatos estão equivocados, sua análise e orientação para o bom e o justo também têm de estar erradas. Em outras palavras, normas não são formas platônicas; são tão passíveis de revisão quanto os fatos. Normas e fatos medem e ajustam a verdade uns dos outros e vice-versa. Habermas afirma que os "horizontes são abertos e se deslocam: entramos neles e eles, por sua vez, se movem conosco".[6] Vimos uma versão desse duplo movimento no caso Mabo *versus* Queensland (n. 2), da Suprema Corte australiana, citado por mim na introdução. A Suprema Corte reconheceu que a base factual da soberania nacional no conceito de *terra nullius* era equivocada e, ademais, racista, caracterizando os povos indígenas como desprovidos de estrutura social capaz de desenvolver uma forma de propriedade de terra. Consequentemente, as normas de propriedade tiveram de ser reconsideradas.

É óbvio que esse modelo de uma esfera aberta e móvel de fatos e horizontes não descreve toda a teoria política liberal. Alguns filósofos políticos pós-hegelianos continuam a acreditar que há um espírito liberal fixo lutando para se atualizar. Nesse modelo, a violência do passado nada mais é que a desconfortável contração do parto do reconhecimento da liberdade universal. Como muito bem colocou G. W. F. Hegel, "a astúcia da razão", ou *Geist*, é "deixar que as paixões atuem por si mesmas, manifestando-se na realidade, experimentando perdas e sofrendo danos".[7] Como nos lembra G. H. R. Parkinson, a astúcia da razão opera em dois planos na dialética histórica hegeliana. No "plano universal estão certas entidades aparentemente metafísicas, como 'o espírito de uma nação' e 'o espírito

---

6 Jürgen Habermas, "A Review of Gadamer's Truth and Method", in Gayle L. Ormiston e Alan D. Schrift (orgs.), *The Hermeneutic Tradition: From Ast to Ricoeur*. Albany: Suny, 1990, p. 217.

7 G. W. F. Hegel, *Filosofia da história*, trad. Maria Rodrigues e Hans Harden. Brasília: Ed. UNB, 1995, p. 35.

A toxicidade do liberalismo tardio

do mundo'; no plano particular, estão as paixões humanas".[8] De quando em vez, ouvimos nesse círculo de pensadores que a história finalmente consolidou o *nomos* que, acreditam eles, lutava para se atualizar – independentemente de que *nomos* seja. Por exemplo, para Carl Schmitt, o ano 1492 marca o momento em que a Europa se tornou o mundo; para Hegel, o cerco de Jena por Napoleão, em 1806, marca o advento da universalização do *Geist*; para Alexandre Kojève, 1945 é o ano da última guerra mundial; e, para Francis Fukuyama, o colapso da União Soviética, em 1989, marca o fim da história. Porém, há sempre um suspiro de alívio quando esses fins da história se provam falsos. O alívio revela uma certa verdade – o horizonte não está onde o homem europeu espera aterrissar.

A distinção entre um bem universal que se desenvolve por uma série de renascimentos violentos poderia muito bem ser vista como a fonte genealógica da negação enquanto função do horizonte liberal. Nas versões hegelianas e não hegelianas da diferença entre a factualidade do dano liberal e a nota promissória do bem por vir, o foco é no drama da negação enquanto ela luta contra suas fronteiras globais, interiores e exteriores, em qual teoria poderia alinhar o que o liberalismo diz ser e o que ele está de fato fazendo, e na linha do horizonte de onde irradia uma luz natural. O horizonte é o imaginário governamental do liberalismo, seu modo de reduzir toda forma de violência a consequências meramente não intencionais, acidentais e desagradáveis do desenvolvimento da democracia liberal.[9] Com que rapidez vemos os anúncios do fim real da história serem divulgados, com entusiasmo, como apenas uma miragem?[10] Por quê? Porque o espírito vive apenas na medida em que continua

---

8 G. H. R. Parkinson, "Hegel, Marx and the Cunning of Reason". *Philosophy*, v. 64, n. 249, 1989, p. 289.

9 Ver Elizabeth A. Povinelli, *The Cunning of Recognition: Indigenous Alterity and the Making of Australian Multiculturalism*. Durham: Duke University Press, 2002.

10 Id., "After the Last Man: Images and Ethics of Becoming Otherwise". *e-flux Journal*, n. 35, 2012. Disponível on-line.

a se desenvolver violentamente contra seus horizontes interno e externo. Se o Homem que incorpora esse espírito chegasse de fato ao seu horizonte, ele não se diferenciaria em nada de qualquer outra forma de existência, não seria mais excepcional para si mesmo. A violência que ele comete será violência, nada mais, nada menos.

Figura 2.1 Os horizontes sinuosos da perfectibilidade liberal. O Horizonte 1 será inevitavelmente a direção errada para o progresso da verdade e da justiça, mas, com o tempo, a correção na direção do Horizonte 2 sofrerá o mesmo destino.

A toxicidade do liberalismo tardio

Sendo igual a todos os outros, experimentará a si mesmo como tendo perdido alguma coisa – sua própria distinção.

A negação liberal não surge simplesmente da dinâmica entre norma e fato. Quando necessário, ela se apoia em uma estratégia mais pragmática – as desculpas. Liberais são bastante complacentes com liberais que se dispõem a fazer uma autocrítica e se corrigir. O discurso das desculpas, aliás, é uma característica discursiva fundamental do liberalismo. Como há muito observou Michel-Rolph Trouillot, o pedido de desculpas pode ser formulado em linguagem explícita e formal, por exemplo, quando um chefe de Estado se apresenta diante do Congresso e, como representante do Estado, pede desculpas por atos históricos de injustiça, como fizeram os primeiros-ministros do Canadá e da Austrália pelos danos causados aos povos indígenas, o presidente dos Estados Unidos pelos experimentos com afro-americanos em Tuskegee e o chanceler da Alemanha pelo Holocausto.[11] As desculpas também podem ser mais discretas, informais e empíricas. A ideia do pedido de desculpas pode ser ampliada para incluir comentários em sentenças judiciais, como a observação no caso Mabo *versus* Queensland (n. 2) de que a doutrina da *terra nullius* sobre a qual se assentou o colonialismo de ocupação na Austrália estava fundamentada "na teoria de que os habitantes indígenas de uma colônia de 'ocupação' não tinham interesse na propriedade da terra" e, portanto, "dependia de uma depreciação discriminatória contra os habitantes indígenas, seus costumes e organização social".[12] Para que as leitoras e os leitores não confundam essa e outras decisões judiciais com uma acusação à soberania liberal – de que a ordem liberal seria dissolvida após o reconhecimento da injustiça radical contra os povos despossuídos e seus modos de existência com outros seres – a Corte reafirma

---

11 Michel-Rolph Trouillot, "Abortive Rituals: Historical Apologies in the Global Era". *Interventions: International Journal of Postcolonial Studies*, v. 2, n. 2, 2000.

12 *Mabo and Others v. the State of Queensland*, n. 2, 1992, HCA 23; §39, 1992.

a soberania colonial ao reassentar suas bases e, portanto, seus horizontes. No caso Mabo, a Suprema Corte corrigiu o terreno sobre o qual se assenta a soberania colonial e não entrou em discussões sobre o fato de tal superfície existir e ter precedência sobre o título originário.

O caso Mabo é um exemplo clássico de uma manobra comum no liberalismo tardio – a Corte corrige o erro passado da história liberal e, ao fazê-lo, reabilita seu domínio enquanto condição de mando soberano.[13] Os fatos estavam errados porque os horizontes normativos estavam incorretos. O arrependimento expresso – o *arrependido*, aquele que lamenta os mortos – não tem a intenção de trazer os assassinados de volta à vida. Mas fatos e normas sempre estiveram errados, de acordo com Habermas, ou estarão errados até o fim do tempo histórico, de acordo com Hegel. É por conta disso que, conforme argumenta Trouillot, o pedido de desculpas é um eterno "ritual abortivo" da autocrítica liberal. É um ato discursivo que não é capaz de acabar com a injustiça "porque sua própria condição de surgimento nega a possibilidade de transformação".[14] O problema não é a autocrítica ou a autocorreção. O problema é que autocrítica e autocorreção são precisamente as táticas que excluem a possibilidade de o liberalismo se ferir fatalmente. "É só pedir desculpas", dizem as pessoas aos políticos que vomitam comentários abertamente racistas, às empresas cujos incentivos ao lucro levam a grandes catástrofes ambientais e assim por diante. É só pedir desculpas e seguir em frente – o sistema pode continuar.

O que seria necessário para rasgar a fantasia do horizonte, para que um ato liberal de violência deixe de ser simplesmente uma medida da distância que o liberalismo deve percorrer para dar corpo aos seus ideais móveis e se torne, ao contrário, uma sentença de

---

13 Afirmo algo semelhante, porém de forma mais elaborada, em *The Cunning of Recognition*, op. cit.

14 M.-R. Trouillot, "Abortive Rituals", op. cit., p. 185.

morte para o próprio liberalismo? Existe algum ponto, exemplo ou instância em que o liberalismo não pode se redimir apontando para o horizonte da justiça liberal? As mortes incessantes, vagarosas ou explosivas, nas indústrias químicas e fábricas são suficientes? Os corpos de chilenos e chilenas expelindo cobre pelos poros são·suficientes para dizer que algo está errado na forma e não apenas na dinâmica do liberalismo?[15] Que quantidade de dano seria suficiente para fazer transbordar as defesas do liberalismo tardio enquanto forma de governo? Certamente, agentes corporativos ou estatais podem ir para a prisão por terem ignorado até o verniz das orientações normativas a respeito da humanidade. Podem ter de responder por agir com brutalidade intencional, desconsiderando normas e leis coletivas do liberalismo. Mas a maioria é liberada quando se diz sinceramente arrependida por não ter compreendido as consequências de suas ações ou não ter plena consciência de uma punição nas normas da comunidade.

A insistência na diferença entre fronteira e horizonte, fato e norma, astúcia cruel da razão e o bem universal por vir permite que a violência seja normalizada *vis-à-vis* tais formas de negação. Ela naturaliza o dano social sistemático na *temporalidade social* do bem por vir. Essas formas de negação violenta têm funcionado há muito tempo para aqueles que se beneficiam delas, por isso não é de espantar a quantidade de gente das classes média e alta no Norte Global, cuja vida privilegiada foi construída sobre essa violência negada, que agora mira o horizonte atônita, prostrada. Para essas pessoas, a surpresa – ou a recusa teimosa – em face do desastre por vir ilustra um modo pelo qual podemos entender o liberalismo como uma forma tóxica em si e para si.

A permanente elasticidade da fissura entre a promessa liberal e as realidades liberais opera de maneira muito similar a qualquer

---

15 Ver Sebastián Ureta, "Chemical Rubble: Historicizing Toxic Waste in a Former Mining Town in Northern Chile". *Arcadia 20*, 2016. Disponível on-line.

toxina, mas ao inverso – uma fissura excessivamente grande provoca danos incontroláveis. A toxicidade do liberalismo não é só conversa. A natureza discursiva da negação se move através da toxicidade material; ela tem uma forma geográfica específica. Isso fica bem explícito quando se olha a toxicidade liberal a partir das extrações e acumulações de capital que a espacializam. Consideremos, por exemplo, a fronteira, o rizoma, o buraco e a espiral no capitalismo liberal emergente e atual.

Tendo surgido no mundo colonial, o liberalismo absorveu a antiga geometria da fronteira colonial. A geometria da fronteira é uma física de corpos em movimento ou em repouso, de forças opositoras, de reações opostas e de igual intensidade. Até mesmo uma barreira de segurança entre autoridades é uma fronteira fictícia, porque, por mais precisa que seja a demarcação, todo espaço material deve conter a diferença demarcatória entre aqui e lá, entre eles e nós, e porque barreira e fronteira são efeitos e afetos de teologias políticas específicas – uma crença segundo a qual a esfera do divino é absorvida pela função da fronteira legal. O ordenamento mundial do território vinha com um carimbo celestial, um espírito da justiça com seus próprios centros, periferias e fronteiras. Assim, o Haiti poderia estar no interior da França e, no entanto, no que diz respeito à aplicação dos direitos do homem, o Haiti era uma fronteira. Os ingleses puderam massacrar e chorar aqueles que estavam nas Américas e na Austrália, antes de chegar com o direito de criar um ordenamento soberano sobre uma terra sem lei. A doutrina Monroe permitiu que os Estados Unidos declarassem esferas fronteiriças dentro de esferas de seus próprios domínios. Em resumo, a lei soberana decide o que é barreira e o que é fronteira, quando uma se torna a outra, quando as energias acumuladas no espaço onde dois corpos geram atrito um contra o outro devem ser delimitadas ou liberadas de modo que, uma vez mais, forças opositoras e reações possam ser colocadas em movimento. Não há esquerda ou direita nesse modelo. Só há essa posição contra aquela – seu espaço e tempo contra o meu.

A toxicidade do liberalismo tardio

Uma vez vencida a guerra e assegurada a fronteira, a política liberal da paz soberana promete manter todos os corpos em seus devidos lugares. Mas a fronteira toma uma nova forma e uma nova dinâmica dentro dos muros da paz, porque as políticas reais do liberalismo criam diferenças internas por meio de mecanismos de inclusão e exclusão e sua colaboração com a extração capitalista do trabalho, das terras, dos humanos e mais-que-humanos, com o propósito de puro lucro. Depois da paz, qualquer pessoa que se oponha às linhas e ordens liberais é baderneira. Torna-se terrorista, *vírus*. Não sendo mais uma física de forças em colisão, a fronteira se torna esburacada, espiralada, rizomática. A física newtoniana abre caminho para a ação fantasmagórica a distância, vírus invisíveis, *camuflagem* no centro do reconhecimento. Terroristas parecem vir do nada, de lugar nenhum – do meio, das bordas, do lado. A fronteira é toda torção interior da diferença – a favela e o gueto, a internet e o denunciante. Fronteiras emergem como picadas e perfurações do outro e do *de outra maneira*. Tornam-se rizomáticas e cheias de bolhas e buracos. A dinâmica da inclusão continua precisando de exclusões para que a máquina de extração justifique o fechamento dessa área da existência a fim de criar valor para outra área, com a promessa de que todos os barcos vão navegar quando a maré subir. Aliás, a maré cheia é simplesmente outra versão do horizonte, outro modo de adiar a responsabilidade por todos os corpos afogados no oceano. Como o horizonte, o barco que eventualmente incluirá a canoa de todo mundo oferece uma fantasia por meio da qual a ação liberal no interior ou na própria fronteira pode ser separada do liberalismo, um meio de o liberalismo se separar de si mesmo como uma cobra que troca de pele. E, quanto mais pele ele precisa trocar, mais complexa é a topologia de seus fatos e fronteiras internas, de seus fatos e fronteiras externas, de seus horizontes de normas exteriores e interiores. A cobra pega impulso, rasteja, enrola-se e ataca.

No entanto, a questão não são as figuras formais que a negação liberal toma para si. A questão é que essas são as figuras com as

Figura 2.2 O imaginário soberano das fronteiras: a dominação do tempo (t) da força ao encontrar fronteiras da soberania.

Figura 2.3 O imaginário rizomático das fronteiras

A toxicidade do liberalismo tardio

quais a toxicidade material do capitalismo foi semeada na existência e nas quais, como afirma Ruth Wilson Gilmore, uma geografia abolicionista se enraizou.[16] Quando olhamos para essa planta tóxica, o imaginário geontológico subjacente ao capitalismo liberal é fundamental. Como já comentei, *Geontologias* introduziu o conceito do imaginário do carbono como um ponto de encontro cicatricial em que a filosofia e as ciências naturais podem intercambiar intensidades, emoções, maravilhamentos, angústias e talvez terrores conceituais não apenas sobre a vida, mas sobre seu absoluto oposto, não a morte, que é parte da vida, mas aquilo que se constitui como o fora da vida, a natureza *inerte*, *inanimada* e *estéril* da não vida. O imaginário do carbono situa a pedra do outro lado de uma diferença intransponível com a vida. A pedra pode imprimir uma forma pregressa de vida (o fóssil), mas nunca pode entrar no *Dasein* porque ela não tem relação interna com sua própria finitude. No geontopoder, dado que a pedra não pode morrer, ela é cercada pela desconsideração de maneira inversamente proporcional ao modo como a vida é enxameada pela problemática do cuidado – um diferencial dramático se abre dentro da ética de como consideramos as consequências de perturbar os arranjos de não vida e funções biológicas dos viventes.

Às vezes, essa desconsideração parece mais forte, mais como um surto psicótico em face da realidade da relação interna da não vida com a vida. Por exemplo, quando a negação liberal se combina com a desconsideração do capitalismo, a válvula da toxicidade se abre e inunda primeiro certas vidas e não vidas como um todo. Mel Y. Chen estudou a desconsideração de liberais brancos estadunidenses ao acúmulo de chumbo em bairros pobres e racializados, ao mesmo tempo que espalhavam um pânico tóxico a respeito de brinquedos contaminados oriundos da China. Essas formas de negligência e ne-

---

16 Ruth Wilson Gilmore, "Abolition Geography and the Problem of Innocence". *Tabula Rasa*, n. 28, 2018.

gação amontoam danos em certos corpos e ambientes que se expressam como diabetes, pressão alta, água envenenada, parquinhos envenenados.[17] Como também observa Chen, mesmo que o capitalismo industrial desterritorialize o chumbo, "o chumbo desterritorializa, dando ênfase à sua mobilidade através de espacializações imperialistas do 'aqui' e do 'ali' e contra elas".[18] O Norte Global pode acreditar que o chumbo deveria pertencer a uma ou outras regiões, a um tipo ou outro de corpo, mas o chumbo adora pegar carona em produtos comerciais, já que altera materialmente quem deve carregar o fardo da produção tóxica do capitalismo. Esse ponto é sublinhado no trabalho de Sebastián Ureta e Patricio Flores sobre a mineração de cobre no Chile. Eles entendem "os rejeitos da mineração como entidades dotadas de certa capacidade monstruosa, ou uma capacidade interior de afetar profundamente e de modos estranhos outras entidades, perto e longe, entre as quais os seres humanos".[19]

À medida que a água da criação tóxica do capitalismo liberal os toca de perto, poderíamos esperar um lampejo de reflexão de todos aqueles que, há muito tempo, vêm se beneficiando do fato de esse efluente tóxico ter sido mantido fora de suas terras. Mas essa expectativa não dá conta de abarcar a profundidade da negação subjetiva e institucional do liberalismo. Em vez de finalmente assumir que liberalismo e capitalismo são uma catástrofe ancestral que inunda cada fresta e cada fissura, alguns ainda apontam para o mesmo horizonte de progresso, propondo mais capitalismo e tecnologia capitalista como solução. T. J. Demos e Bron Szers-

---

17 Ver, por exemplo, Danny D. Reible et al., "Toxic and Contaminant Concerns Generated by Hurricane Katrina". *National Academy of Engineering*, v. 36, n. 1, 2006. Disponível on-line.

18 Mel Y. Chen, *Animacies: Biopolitics, Racial Mattering, and Queer Affect*. Durham: Duke University Press, 2012.

19 Sebastián Ureta e Patricio Flores, "Don't Wake up the Dragon! Monstrous Geontologies in a Mining Waste Impoundment". *Environment and Planning D: Society and Space*, v. 36, n. 6, 2018, p. 1064.

A toxicidade do liberalismo tardio

zynski discutiram criticamente vários projetos de geoengenharia liberais, neoliberais e libertários. Alguns, como as Breakthrough Initiatives, veem o futuro da humanidade constituído de pós-terráqueos – o horizonte da humanidade na fronteira infinita do espaço sideral. Outras iniciativas de ecoengenharia, como a ScoPex, estão projetando máquinas que alteram o clima orientadas para a Terra. Nestas, o horizonte é o espaço interior dos seres humanos na Terra – a fronteira não é um lugar particular na Terra, mas a Terra como um todo. Entre os vários objetivos e aspirações dessas fantasias científicas, argumenta Demos, há um pano de fundo ideológico em comum, articulado em *Homo Deus: uma breve história do amanhã*, de Yuval Noah Harari – uma perspectiva do *antropos* como o deus da *téchne*. Demos diz: "O *antropos*, nessa narrativa, figura como o autocriador definitivo, para quem não há desafio – mudança climática, fracasso agrícola, inteligência artificial, fome planetária, até morte e extinção – que esteja além da superação tecnológica, especialmente quando combinado ao capital do Vale do Silício".[20] Esse *antropos* é o que Sylvia Wynter descreve como a super-representação de uma história específica do homem, o humanismo ocidental como modelo que tem saturado o conteúdo do horizonte de pensamento desde o período colonial.[21]

Apesar de todas as bugigangas tecnológicas que rodeiam essa visão de uma terra projetada pelo humano, esses projetos utilizam figuras liberais de longa data do horizonte e da fronteira como meio de negar as toxicidades existentes do liberalismo tardio e do capitalismo extrativo. Todo o maquinário usado para construir e gerir essa tecnologia climática vai ser escavado da terra de alguém, o lixo vai ser depositado em algum lugar, as consequências serão absorvi-

---

20 T. J. Demos, "To Save a World: Geoengineering, Conflictual Futurisms, and the Unthinkable". *e-flux Journal*, n. 94, 2018. Disponível on-line.
21 S. Wynter, "Unsettling the Coloniality", op. cit.

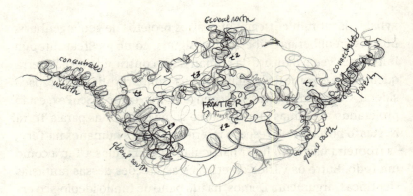

Figura 2.4 O imaginário emaranhado das fronteiras.

das por algumas coisas e não por outras.²² Como diz Mariana Silva, esses projetos de geoengenharia vão mergulhar nas profundezas do mar, rasgar o solo do oceano, porque o geontopoder capitalista "precisa de novas soluções espaciais".²³ A retórica da Terra comum, tão essencial para a climatologia contemporânea, fica muda quando se traz à tona a localização dos lixões de cada "solução". Em outras palavras, o horizonte e a fronteira continuam a ser necessários para o liberalismo e sua aliança com o capitalismo, na medida em que dependem de uma lógica possessiva que é capaz de conceber as relações apenas como de possuir e ser possuído.

Em parte, estamos assistindo a uma luta discursiva sobre qual existência é e, portanto, quais ações na existência são. As máquinas retroescavadeiras rasgam o solo ou extraem minerais? A terra é a terra ou o prolongamento da presença ancestral que fez a terra

---

22 Max Liboiron compilou uma ótima lista de leitura sobre toxicidade e socialidade em relação aos estudos do descarte em "Bibliography on Critical Approaches to Toxics and Toxicity". *Discard Studies*, 10 jul. 2017. Disponível on-line.
23 Mariana Silva, "Mining the Deep Sea". *e-flux Journal*, n. 104, 2020. Disponível on-line.

na forma e no conteúdo que ela apresenta hoje? As máquinas são a evidência do domínio tecnológico ocidental ou de sua psicose quase demoníaca? A habilidade do liberalismo de negar seus danos vem não apenas de travar uma guerra discursiva sobre os sujeitos e predicados da existência, mas também da dinâmica em segundo plano de mapeamento, uma dinâmica que converte qualquer perda no primeiro plano em mero "equívoco" para o qual um pedido de desculpas é suficiente, uma dinâmica que mantém no lugar o ordenamento básico do primeiro mapa. Se os povos indígenas ganham uma base de apoio ao convencer a opinião pública a reconsiderar a violência cometida contra eles a partir de uma perspectiva mais ampla, os liberais vestem o manto de arrependimento, ajustam seus fatos e normas e reiniciam seu bem singular.

Esse duplo mapeamento da negação do liberalismo quanto a sua factualidade tóxica é uma característica inerente ao liberalismo ou uma simples qualidade que pode ser retirada dele sem consequências fatais? Em outras palavras, poderíamos eliminar o horizonte e a fronteira e ainda ter liberalismo? O problema não são as fronteiras e os horizontes, mas o entrelaçamento do liberalismo com o capitalismo? Outra maneira de fazer essas perguntas é definir se liberalismo e capitalismo existiam antes ou nasceram de um modo particular de explicar as violências que são a condição de seu surgimento. Sabemos a resposta. Essas formas políticas e econômicas nasceram depois que os europeus içaram velas e atravessaram os oceanos, talvez pensando que cairiam da beirada da Terra. A invasão das Américas foi criada a partir de um ciclo insano de despossessão e acumulação originária, primitiva e contínua. Como argumentou Glen Coulthard, o capitalismo dependia da acumulação originária de terras nativas americanas – um Caribe livre dos Karib, um sul dos Estados Unidos sem os Caddo, Seminole, Catawba, Cherokees, Shawnees e centenas de outros grupos. A acumulação primitiva sugou valor dos corpos de africanos ocidentais escravizados, drenou nutrientes do solo caribenho e criou receitas de pólvora a partir do conhecimento chinês.[24] A habilidade de adquirir novas terras despossuindo os povos nativos, como já argumentou Alexis de Tocqueville em *Democracia na América*, permitiu uma forma de igualdade entre os pioneiros americanos nunca antes vista na França ou em qualquer outra parte da Europa. Uma lógica mórbida se alojou no coração dessa prática de igualdade por despossessão, como notou James Baldwin. Os envolvidos nessas apropriações brutais se tornariam heróis, John Wayne ou "Gary Cooper matando todos os índios".[25]

A catástrofe ancestral

Passemos para o outro lado do horizonte liberal. Para muitos dos que estão lá, liberalismo e capitalismo surgiram do caldeirão de devastação e despossessão sociais de seus ancestrais. Tanto o liberalismo quanto o capitalismo se alastraram como uma erva daninha – e chamá-la de tóxica seria eufemismo. Para aqueles que vivem na fronteira dos horizontes liberais, na perspectiva cada vez mais à distância de suas normas, o liberalismo não é nem mais nem menos que seus fatos – aliás, fato após fato mostram que não existe norma alguma. Nesse sentido, muitos dos que vivem o liberalismo enquanto fato veem-no como algo que produz um ambiente tóxico não por acidente ou incidentalmente: o excepcionalismo do liberalismo depende de sua produção violenta e da apropriação de fronteiras, bem como da negação dessa violência enquanto constitutiva de sua história e de seu presente.

---

24 Sidney W. Mintz, *Sweetness and Power: The Place of Sugar in Modern History*. London: Penguin, 1986.
25 Citado no filme *I Am Not Your Negro* (Magnolia Pictures, 2016), dirigido por Raoul Peck.

Ao refletir sobre o estado de ânimo de W. E. B. Du Bois enquanto caminhava pelo parque e pelo palácio monumental de Tervuren, na periferia de Bruxelas, em 1936, David Levering Lewis escreveu que Du Bois tinha "uma lembrança vívida de Tervuren como a Versalhes do rei Leopoldo, vinte corredores cavernosos repletos de minerais, fauna e flora que seus agentes capturaram, abateram e arrancaram do coração da África a um custo estimado de 10 milhões de vidas negras".[26] Ao ler a biografia de Lewis, ouvimos as pisadas de Du Bois no chão de pedras polidas e vemos, como ele viu, os detalhes arquitetônicos acobreados nas instituições de elite da Bélgica, enquanto ele sorvia a completa monstruosidade do colonialismo. Era Bruxelas, um modelo para a nova Europa moderna, onde os *flâneurs* passeavam, apreciando as maravilhas da nova vida urbana como as "passagens, uma recente invenção do luxo industrial [...] galerias cobertas de vidro e com paredes revestidas de mármore, que atravessam quarteirões inteiros, cujos proprietários se uniram para este tipo de especulação".[27] Não foram apenas as coberturas de vidro dos centros comerciais que extasiaram a jovem classe urbana, mas também as infraestruturas invisíveis de eletricidade, água e saneamento. O rio Senne captava as águas pluviais e de esgoto, "uma calamidade sanitária e visual no centro de Bruxelas, uma fonte de inundações e constrangimento para o novo governo".[28] O "rei construtor", Leopoldo II, e a prefeitura de Bruxelas começaram a cobrir o Sena de 1867 a 1877, criando um esgoto invisível aos olhos, mas pulsante no ventre de uma nova e reluzente metrópole. Essas infraestruturas hídricas foram construídas pelo comércio industrial, que tinha uma relação mediada com os

---

26 David Levering Lewis, *W. E. B. Du Bois: The Fight for Equality and the American Century, 1919-1963*. New York: Henry Holt, 2001.

27 Walter Benjamin, *Passagens*, trad. Irene Aron e Cleonice Mourão. Belo Horizonte / São Paulo: Ed. UFMG / Imprensa Oficial do Estado de São Paulo, 2009, p. 953.

28 "Belgium", *History of Sanitary Sewers*. Disponível em: sewermuseum.brussels.

mundos coloniais. Em 1878, não tendo conseguido adquirir as Filipinas da Coroa Espanhola, Leopoldo II tomou o assim chamado Estado Livre do Congo. Sob os auspícios da investigação científica e do ânimo civilizatório, Leopoldo II extraiu um sem número de riquezas do Congo que tornaram Bruxelas uma maravilha do mundo e, mais tarde, a capital da Europa, à custa da devastação dos povos e das terras congolesas.[29]

Como deve ter sido fácil para os moradores da cidade relegar a lugares distantes as monstruosidades do capitalismo colonial e entender a si mesmos como o desdobrar de um horizonte cada vez mais vasto. Como Du Bois deve ter se sentido estranho e furioso ao testemunhar a indiferença daqueles que caminhavam por aquelas ruas escuras, ladeadas de casas onde bebericavam chás cheios de açúcar, que pensavam que viviam na Bélgica e que a Bélgica era na Europa e que a Europa era fora da África, da Ásia, das Américas e do Pacífico, que pensavam, se é que pensavam nisso, que eles eram – e mereciam ser – o centro do desenvolvimento monumental de uma dialética da civilização ocidental e de seu espírito de progresso. O que Du Bois viu na política urbana do ócio era tanto ou mais sinistro do que as atrocidades que levaram mais de 8 milhões de homens, mulheres e crianças africanas à morte na região do Congo. As passagens podem ser "uma cidade, um mundo em miniatura, onde o comprador encontrará tudo de que precisa", mas elas existiam em proporção inversa aos mundos despidos de qualquer condição material de existência humana e não humana.[30] O que, senão os demônios, poderia negar com tanta minúcia as condicionantes mórbidas de suas boas vidas?

Os incontáveis massacres e pilhagens dos espaços de fronteira fizeram nascer, nas cidades monumentais da Europa e em suas diásporas coloniais, uma forma e um estado de espírito com o nome de

---

29 Adam Hochschild, *Kind Leopold's Ghost: A Story of Greed, Terror, and Heroism in Colonial Africa*. Boston: Mariner, 1999.
30 W. Benjamin, *Passagens*, op. cit., p. 953.

A toxicidade do liberalismo tardio

"humanismo liberal". Os minerais extraídos do Congo, da África do Sul, da Austrália e do Canadá foram levados para algum lugar; em outras palavras, não se tratou simplesmente de uma acumulação de uma abstração (mais-valia) ou uma dupla abstração (mais-valia da mais-valia), mas de uma redistribuição e transformação de materiais – os rejeitos de toxinas, os rios de veneno, os deslizamentos de terra soterrando comunidades inteiras. À medida que os europeus cruzaram e voltaram a cruzar o globo, pegando o que precisavam e deixando para trás o que fosse supérfluo, foi criada uma nova ordem hegemônica das coisas – o que era útil e inútil e como uma se relacionava com a outra. A força hegemônica dessa ordem de coisas foi despejada nas rotas e nas éticas comerciais emergentes. Essas diferentes lógicas de uso e abuso incluíam o que era passível de luto, o que era matável e o que era destrutível.

Surgiram cidades monumentais da fumaça do mundo colonial e, dentro dessas cidades, novas topologias de pedras cintilantes e vielas fedorentas. Conforme mundos humanos e não humanos eram arrancados de um lugar para produzir riqueza em outro, a monumental colheitadeira voltava, cavando mais fundo nos espaços já devastados, agora com exércitos imperiais e empresariais para reorganizar o trabalho africano "livre" nas minas, plantações e construções de novas megalópoles no Sul Global. Eles criaram novos contornos no Ocidente; e não apenas vidros reluzentes das passagens. O reflexo espelhado das passagens foi descrito em detalhes primeiro por Friedrich Engels, em *A situação da classe trabalhadora na Inglaterra*, e mais recentemente por Mike Davis, em *Planeta Favela*. Filipa César analisou o que o escritor e militante anticolonial Amilcar Cabral viu como uma conexão irredutível entre o esgotamento do solo em Portugal e na Guiné-Bissau, apesar da diferença de condições em cada caso.

Mais preocupado em extrair bens das colônias, Portugal descuidou do seu próprio solo, ao mesmo tempo que o Estado extenuava os solos colonizados pela superprodução.[31] Para Cabral, a equivalência entre a revitalização do solo e a luta de libertação contra o colonialismo português na Guiné-Bissau e em Cabo Verde não era uma simples metáfora da maneira como o colonialismo corrompeu ambos os lados da relação colonial, mas fazia parte das práticas de reterritorialização da matéria que havia sido envenenada pelo colonialismo humanista e liberal. Cabral viu o que Du Bois viu: espaço material e social sendo contorcido, esculpindo rotas e mundos de forma distorcida, inclusive os meios de ligar esses mundos, diferenciando o urbano do rural e a cidade da favela. A existência de humanos e não humanos foi forçada a adquirir formas específicas como condição para se movimentar (o que as estradas demandaram; o que as rotas marítimas permitiram; o que os cabos submarinos ofereceram; o que as redes de satélites de órbita terrestre baixa, média e geoestacionária monitoraram). As condições de existência em um lugar se estenderam para muito além da localização, mas de um modo que parecia desfigurar apenas alguns deles.

A ideia de que a toxicidade poderia ser mantida a certa distância sempre foi uma fantasia liberal à espera de ser rasgada. Ainda nos anos 1950, no rescaldo da catástrofe da Primeira e Segunda Guerra Mundial, o horizonte tóxico da civilização ocidental paternalista despencou de volta na Europa. Arendt e Césaire concordariam que a fonte do totalitarismo europeu situa-se no tratamento brutal de outros mundos (ainda que tenham historicizado essa expansão de modo diferente, como veremos no capítulo 3). Como diria Césaire, o colonialismo funcionou:

> para descivilizar o colonizador; para brutalizá-lo no sentido apropriado da palavra, degradá-lo, despertá-lo para instintos soterrados,

---

31 Filipa César, "Meteorisations: Reading Amílcar Cabral's Agronomy of Liberation". *Third Text*, v. 32, n. 2-3, 2018.

A toxicidade do liberalismo tardio

cobiça, violência, ódio racial, relativismo moral [...] Toda vez que no Vietnã há uma cabeça decepada e um olho perfurado, e na França se aceita isso, [...] um malgaxe é torturado, e na França se aceita isso, há um acréscimo de peso morto na civilização, ocorre uma regressão universal, uma gangrena se instala, um foco de infecção se espalha.[32]

O colonialismo destruiu tudo, como apontou Frantz Fanon, aluno de Césaire; a deterioração apenas pareceu diferente quando foi vista das paisagens sagradas do Congo colonial e do topo do Museu Real da África Central, na Bélgica. Isso porque o colonialismo é um sistema que abrange cidades e subúrbios, zonas rurais e incultas, estradas e vias navegáveis. Todas as estradas levam a Roma, pois, independentemente de quão longe sejam construídas de Roma e em direção a que território desconhecido, elas são construídas para movimentar qualquer coisa de valor em uma única direção.

Nos anos 2000, juntamente com a questão de quem causou esse imbróglio tóxico, estava a questão de quem seria capaz de se proteger dele. Ao longo de seu trabalho, Michelle Murphy mostrou que, embora a distribuição de materiais tóxicos seja generalizada, as concentrações são localizadas.[33] Presos entre derramamentos de produtos químicos e mudanças nos padrões climáticos, um número crescente de pessoas, animais não humanos e plantas se amontoam em zonas de sobrevivência cada vez menores. Isso não afeta somente as formas biológicas. A toxicidade industrial dificulta que rios, ventos, solo, minerais e pedras mantenham sua forma e substância. Mudanças dramáticas nos padrões climáticos, calor provocado por contaminação nuclear, água

---

32 A. Césaire, *Discurso sobre o colonialismo*, trad. Claudio Willer. São Paulo: Veneta, 2020, p. 17.

33 Ver Michelle Murphy, *Sick Building Syndrome and the Problem of Uncertainty: Environmental Politics, Technoscience, and Women Workers* (Durham: Duke University Press, 2006); Greg Mitman, Michelle Murphy e Christopher Sellers (orgs.), *Landscapes of Exposure: Knowledge and Illness in Modern Environments* (Chicago: University of Chicago Press, 2004).

contaminada por petróleo e cobre oriundos da mineração,[34] materiais de risco biológico de nível 4, esgoto transbordante da indústria de aves e suínos, casas destruídas por incêndios:[35] assim como as formas meteorológicas e geológicas cedem sob a pressão dos tratamentos liberais tardios da diferença e dos mercados, ocorre o mesmo com as formas biológicas das quais elas dependem e as quais dependem delas. De fato, talvez mais do que nunca, as epistemologias ocidentais fundadas nas separações e ontologias da vida e não vida estão sendo confrontadas com a extimidade de todas as formas de existência. Só agora as ciências naturais estão compreendendo os complexos ciclos de retroalimentação entre todos os planos e regiões da existência e através deles, não apenas entre formas de vida, mas também entre vida e não vida. Como argumentei mais acima, os climatologistas acreditam que a Terra vai esquentar 4 ºC até 2100, um nível de calor que vai alterar profundamente a natureza do que os ambientalistas dos anos 1970 descreveram como a Terra como um todo: Gaia.[36]

Até que esses pontos de virada sejam atingidos, e mesmo depois deles, os efeitos do liberalismo tardio nas diferentes regiões não serão uniformes. Se abaixarmos nosso olhar de Gaia para o chão, veremos que zonas quentes formam nuvens de chuva sobre cercanias específicas, porque as nuvens fazem parte de uma circulação global de formas de toxicidade que respeitam e desrespeitam as condições sociais que ajudaram a concebê-las. Uma reportagem de 2017 do *New York Times* mostrou que "as mudanças nos padrões climáticos ligadas ao aumento

---

34 Hongyu Liu, Anne Probst e Bohan Liao, "Metal Contamination of Soils and Crops Affected by the Chenzhou Lead/Zinc Mine Spill (Hunan, China)". *Science of the Total Environment*, v. 339, n. 1-3, 2005.

35 Ver, por exemplo, Steve Inskeep e Kemp Burdette, "Assessing the Contamination Brought by Flooding" (NPR, 20 set. 2018. Disponível on-line); M. H. Wong, "Ecological Restoration of Mine Degraded Souls, with Emphasis on Metal Contaminated Soils" (*Chemosphere*, v. 50, n. 6, 2003).

36 Gaia Vince, "The Heat Is on over the Climate Crisis: Only Radical Measures Will Work". *Guardian*, 18 mai. 2019.

A toxicidade do liberalismo tardio

global das temperaturas provocaram uma escassez de vento no norte da China"; isso criou, por sua vez, uma "onda de poluição severa que foi responsável por milhões de mortes prematuras".[37] Em 2014, um representante do governo chinês descreveu a poluição em Pequim como um inverno nuclear. Eventos nucleares de verdade expulsaram formas de existência, ao mesmo tempo que criaram espaços de soberania tóxica. Essas novas formas de soberania tóxica se estendem para além do humano. Depois da explosão do reator nuclear de Fukushima, em 2011, as autoridades japonesas criaram cercas que estabeleceram zonas seguras e inseguras, como se animais, fungos e solos não pudessem atravessar o mais farpado dos arames farpados. Eles não só atravessam, como atravessaram. "Na Suécia, javalis radioativos comem cogumelos radioativos" não é uma frase de um romance de Margaret Atwood, mas a manchete sobre os efeitos a longo prazo do desastre nuclear de Chernobyl, em 1986, a tão longa distância quanto o norte da Suécia.[38] Na vizinhança imediata de Chernobyl, foi criada uma vasta zona de exclusão humana. Ainda há dúvidas sobre as formas de existência que estão surgindo e se escondendo ali. Eleana Kim mostrou que formas de vida não humanas podem se refugiar nos espaços entre os soberanos hostis, celebrações de uma natureza ressurgente em zonas contaminadas que necessitam de moderação.[39] Como disse um jornalista ambiental, os animais podem se juntar ali porque "ironicamente, os efeitos prejudiciais da radiação dentro dessa zona podem ser menores que o perigo que os seres humanos oferecem fora dela".[40]

---

37 Javier C. Hernández, "Climate Change May Be Intensifying China's Smog Crisis". *New York Times*, 24 mar. 2017. Disponível on-line.

38 Ephrat Livni, "Radioactive Wild Boars in Sweden Are Eating Nuclear Mushrooms". *Quartz*, 11 out. 2017. Disponível on-line.

39 Eleana Kim, "Invasive Others and Significant Others: Strange Kinship and Interspecies Ethics Near the Korean Demilitarized Zone". *Social Research: An International Quarterly*, v. 84, n. 1, 2017.

40 Anne Marie Helmenstine, "Chernobyl's Animal Mutations Shed Light on the Impact of Nuclear Releases", 20 dez. 2017. Disponível on-line. Ver também Mike

Em *Windjarrameru* (2016), uma fala improvisada de um membro do Coletivo de Cinema Karrabing lembra àqueles que precisam ser lembrados que não são apenas os animais que podem experienciar uma área radioativa como mais segura do que viver entre certos tipos humanos. *Windjarrameru* gira em torno de um grupo de três jovens indígenas australianos que se escondem em um pântano contaminado depois de serem acusados injustamente de roubar dois *packs* de cerveja, enquanto ao seu redor mineradores destroem e poluem suas terras. Retorno com frequência a essa cena quando penso na toxicidade liberal tardia. Como em todos os filmes do Karrabing, o arco narrativo geral está mais ou menos definido quando começamos a filmar, mas as falas são criadas na hora. Nessa cena, eu estava com Daryl Lane, Kelvin Bigfoot, Reggie Jorrock, Marcus Jorrock, Gavin Bianamu e nossa pequena equipe de filmagem. Lembrei a Reggie que, nessa parte, ele deveria deitar-se sobre um emaranhado de raízes e parecer preocupado – como se a polícia estivesse a ponto de descobrir seu paradeiro. Kelvin deveria tranquilizá-lo – ou não. Como sempre, depois de lembrar em que ponto estávamos na história, fizemos uma pausa para que o elenco pudesse pensar o que iria dizer e fazer. Depois de pensar, Kelvin virou para o Reggie e disse: "Não se preocupe. Eles não vão entrar aqui. Estamos a salvo – há muita radiação. Estamos a salvo". E quando o irmão de Reggie, Marcus, rebate: "Eu não quero morrer aqui!", Kelvin responde: "Nossos pais morreram primeiro. Podemos morrer depois". Ao articular essas perspectivas, o coletivo Karrabing se coloca ao lado dos povos indígenas da América do Norte que estão buscando estimular o que Hi'ilei Julia Kawehipuaakahaopulani Hobart e Tamara Kneese chamam de "estratégicas críticas de sobrevivência" para o cuidado que surgem nesses espaços de descarte neoliberal.[41]

Wood e Nick Beresford, "The Wildlife of Chernobyl: 30 Years without Man". *Biologist*, v. 63, n. 2, 2016.

41 Hi'ilei Julia Kawehipuaakahaopulani Hobart e Tamara Kneese, "Radical Care: Survival Strategies for Uncertain Times", *Social Text*, v. 142, n. 1, 2020. Ver tam-

Windjarrameru não foi o primeiro nem o último trabalho do Coletivo de Cinema Karrabing sobre a toxicidade do colonialismo liberal tardio. Este livro fará várias referências a duas versões de outro de nossos filmes, *Sereias, ou Aiden no País das Maravilhas* (2018) e *Sereias, mundos espelhados* (2018), bem como a algumas de nossas instalações artísticas. Voltar a *Windjarrameru* é útil pelo modo como os quatro axiomas da existência são abordados quando a catástrofe do presente é ancestral: o entrelaçamento da existência, a distribuição desigual do poder de afetar terrenos específicos e transversais desse entrelaçamento, a multiplicidade de eventos e o colapso do evento político, a natureza provinciana e perigosa das ontologias e epistemologias ocidentais.

Primeiramente, essa cena curta traz à tona o argumento já bem conhecido de que todos os lugares existem em si próprios e não por si próprios. Mais que aqui, ali, agora ou depois, eles estão *mais ou menos aqui* ou *mais ou menos ali, mais ou menos agora* ou *mais ou menos depois*. Isso porque todos os lugares são regiões mais ou menos adensadas de existência êxtima.[42] Como argumentei no capítulo 1, o conteúdo social e político dessa observação deve-se à catástrofe ancestral da história colonial do liberalismo e do capitalismo. A fala de Kelvin aponta não apenas para a extimidade da materialidade em geral, mas para o poder diferencial dele e de sua parentela de afetar o modo pelo qual eles estão entrelaçados nessa catástrofe ancestral. Como defendeu Rob Nixon, a lenta violência da toxicidade acumulada tendeu sobremaneira a se acumular em

---

bém Maria John, "Sovereign Bodies: Urban Indigenous Health and the Politics of Self-Determination in Seattle and Sydney, 1950-80", tese de doutorado, Columbia University, 2016.

42 A utilização de *êxtimo* aqui recupera o uso do termo feito por Jacques Lacan. Ele reservou o conceito para as estruturas psíquicas humanas para descrever como toda substância é, em sua interioridade mais íntima, composta de uma variedade de forças e materiais exteriores. Jacques Lacan, *O seminário*, Livro 7: *A ética da psicanálise*, *1959-1960*, trad. Antônio Quinet. Rio de Janeiro: Zahar, 2008.

bairros e terras de pobres, pardos, negros e indígenas.[43] Para nenhuma surpresa daqueles que vivem no mundo de Kelvin, no fim de *Windjarrameru* os quatro jovens são presos pelo crime de achar e beber dois *packs* de cerveja, enquanto os mineradores saem ilesos.

Gente como Kelvin, que vive há gerações dentro, à beira ou na boca dos esgotos do liberalismo tardio, pode ser perdoada por não ter grande simpatia pelas lágrimas das classes média e alta que observam o horizonte. Para Kelvin e sua família, o lamento de Césaire pelas "sociedades esvaziadas de si mesmas, culturas pisoteadas, instituições solapadas, terras confiscadas, religiões assassinadas, magnificências artísticas destruídas, possibilidades extraordinárias suprimidas" é seu.[44] Com que seriedade o colonialismo de ocupação e o liberalismo tardio consideraram a afirmação de uma pessoa do povo Dene de que o capitalismo extrativo, comedor de terra, acordaria a terra para nos comer? Com que seriedade as nações ocidentais intervieram enquanto Ken Saro-Wiwa, dos Ogoni, lutava contra a crueldade catastrófica do pacto político-econômico entre a Shell e o Estado nigeriano? Com que seriedade estamos escutando sua filha, Zina Saro-Wiwa, enquanto ela realiza experimentos artísticos a partir das condições neocoloniais das economias e das políticas alimentares contemporâneas?[45] Os habitantes do pântano estão certos em se perguntar se a aflição cada vez mais palpável da catástrofe por vir é, antes de tudo, um marcador afetivo do fato de que as classes média e alta do Norte Global não podem mais manter à distância os efeitos colaterais tóxicos de sua riqueza. Tudo isso para dizer que, para Kelvin, talvez o enquadramento da eventividade política, ecológica e ética multiplicou-se e desmoronou muito tempo atrás.

---

43 Rob Nixon, *Slow Violence and the Environmentalism of the Poor*. Cambridge: Harvard University Press, 2011.

44 A. Césaire, *Discurso sobre o colonialismo*, op. cit., pp. 24-25.

45 Nomusa Makhubu, "The Poetics of Entanglement in Zina Saro-Wiwa's Food Interventions". *Third Text*, v. 32, n. 2-3, 2018.

A toxicidade do liberalismo tardio

A catástrofe, para sua família, já aconteceu – "Nossos pais morreram primeiro. Podemos morrer depois". No rescaldo, há eventos grandes e pequenos e intensidades sem eventos, como pântanos contaminados que oferecem mais refúgio do que seus exteriores limpos. Estaríamos errados, acho, se transpuséssemos a fala improvisada de Kelvin, gestada por conhecimentos e disposições geracionais, fermentada na atual catástrofe ancestral do colonialismo, para o sentido e afeto liberais existentes. Ao recuperar as tradições legais ocidentais da despossessão colonial da *survivance* [sobrevivência], de Jacques Derrida (uma persistência que atravessa a vida e a morte, em vez de uma persistência adequada a uma ou outra), Gerald Vizenor argumenta de modo potente que a sobrevivência indígena indica uma presença insistente, apesar dos discursos dominantes sobre a tragédia, a eliminação e a vitimização, e como uma recusa a eles.[46] A insistência de Kelvin de que eles estão mais seguros – como diz mais adiante na cena, mais propensos a continuar com seus pais e avós no rescaldo tóxico do capitalismo colonial de ocupação do que fora dele – enfatiza o paradoxo do ser nessas zonas de recusa e insistência.[47] Esses conhecimentos e disposições não trazem simplesmente algo de novo para o vocabulário da atual crítica ao liberalismo tóxico tardio. Ao contrário, insistir que ele e sua parentela estão mais seguros dentro do pântano tóxico do que fora dele deforma, mais do que simplesmente provincializa, as epistemologias e ontologias ocidentais.

Em *Windjarrameru*, o conceito que mais parece estar sob pressão é o de soberania. O filme é parte de uma produção crítica indígena mais ampla que analisou em profundidade o conceito de soberania. O teórico político Glen Coulthard, do povo Dene, o filósofo

---

46 Ver Gerald Vizenor, *Manifest Manners and Survivance: Narratives on Postindian Survivance*. Lincoln: University of Nebraska Press, 1999.
47 Sobre a recusa indígena, ver Audra Simpson, *Mohawk Interruptus: Political Life at the Border of Settler States*. Durham: Duke University Press, 2016.

maori Carl Mika, a teórica cultural Aileen Moreton-Robinson, do povo Goenpul, a havaiana J. Kēhaulani, do povo Kauanui, e inúmeros outros pensadores críticos indígenas e não indígenas têm investigado incessantemente como os conceitos e as práticas estatais, tais como soberania, autodeterminação e reconciliação nacional, estão amarrados aos atos originais e atuais de despossessão no Canadá, na Nova Zelândia, nos Estados Unidos, na Austrália e além. Em seus filmes, instalações e entrevistas, o Coletivo de Cinema Karrabing traz à tona exatamente essa diferença entre a soberania por despossessão e o pertencimento ancestral. Por exemplo, Rex Edmunds, membro antigo do Karrabing, apontou como as noções ocidentais de soberania foram contrabandeadas para o imaginário indígena por intermédio da definição legal de "dono aborígene tradicional". Para Edmunds, o "dono tradicional" é um conceito colonial socialmente tóxico, uma tática de fatiamento das múltiplas relações êxtimas entre povo e território – parentesco, descendência, ritual, corporalidade, história, suor, língua e suas intensificações sobre as histórias do presente – que sempre definiram o modo coletivo de pertencer uns aos outros e às suas terras.[48] Quando o imaginário ocidental da soberania é absorvido por sujeitos e comunidades indígenas, ele corrói lentamente a multiplicidade dos modos pelos quais os povos originários pertencem uns aos outros e às terras.

Os comentários de Kelvin podem ser lidos também de outra forma: eles mostram outro aspecto, igualmente perturbador, do significado da soberania tóxica – um cálculo diferente da relação entre a persistência dos corpos e a persistência da corporificação. É como se ele estivesse dizendo que sua liberdade diante da toxicidade liberal tardia, sua liberdade de manter a conexão com seus pais e avós, suas terras e as sensibilidades delas dependessem da distinção en-

---

48 E. A. Povinelli e Rex Edmunds, "A Conversation at Bamayak and Mabaluk, Part of the Coastal Lands of the Emmiyengal People". *L'Internationale*, 2 out. 2019. Disponível on-line.

A toxicidade do liberalismo tardio

tre seu corpo e a corporificação teimosa dele e de seus parentes. O paradoxo é tão explícito quanto explosivo. Se essa corporificação não pode sobreviver fora do pântano, seu corpo não pode sobreviver no pântano ou, pelo menos, não por muito tempo.[49] Aqueles que buscam se esconder dos perigosos seres humanos em pântanos contaminados, campos radioativos e laboratórios de alto risco biológico estilhaçam a semântica do esconderijo. Esconder-se oferece soberania, mas apenas de modo tóxico.

No entanto, apesar de tudo, muitos daqueles que fazem parte do longo braço da diáspora europeia estão recorrendo aos povos indígenas e nativos em busca de conhecimentos ancestrais sobre a relação sustentável de vida com a terra. Note-se, porém, que eles buscam um conhecimento isento das reais condições do mundo onde vivem os povos indígenas. A questão não é: "Contem para nós como vocês se mantiveram no lugar depois do longo massacre do colonialismo racial", e sim, mais tipicamente: "As condições pré-coloniais nos oferecem conhecimento para deter a catástrofe por vir ou então para sobreviver a ela?". Se os indígenas respondem: "Não", ou então: "Não vamos contar", quem pergunta vai embora? Se sim, o que isso diz sobre a distribuição da preocupação social que motivou a pergunta? A pergunta é para entender o que o colonialismo fez e continua a fazer ou quer apenas salvar a pele de quem pergunta?

Mudança de ventos

Neste momento, a dinâmica da acumulação colonial e pós-colonial parece muito mais caótica do que prometia a dialética cristalina de Hegel e Marx, sobre a qual Césaire e Fanon construíram original-

---

49 Glowczewski aborda esse problema de forma mais ampla em "Resistindo ao desastre: entre exaustão e criação", trad. Amilcar Packer. *Oficina de Imaginação Política*, 2016. Disponível on-line.

mente suas críticas. A acumulação tem menos a cara de uma lógica precisamente elaborada do que de uma colheitadeira digna de ficção científica – uma enorme Estrela da Morte que destrói a Terra, escavando e estripando um milhão de mundos, e que volta depois para devastá-los tantas vezes quanto for necessário para descobrir novas formas de destruir a existência e obter lucro (ou, na linguagem da negação capitalista, "destruição criativa"). As rodas da máquina não se movimentam para a frente, elas giram para trás, para os lados e em círculo.

Na última parte do filme *Um dia na vida* (2020), do Karrabing, o ficcionalmente real Rex Edmunds leva seu neto ao território indígena para lhe ensinar "os modos dos parentes", mas eles acabam encontrando uma mina gigante de lítio poluindo a região. As sequências anteriores do filme mostram vários membros do Karrabing em um dia normal, apesar de fictício, na comunidade: Ricky Bianamu tentando encontrar uma casa com banheiro e fogão para tomar um banho e fazer o café da manhã; Melissa Jorrock tentando brincar com as filhas de sua irmã, enquanto o serviço social circula pela comunidade; quatro rapazes buscam um primo em uma praia assombrada por um espírito ancestral; e alguns desses jovens tomando umas e imaginando criar um grupo de hip-hop, enquanto a polícia percorre a comunidade para prender quem estiver bebendo. Ao longo do filme, espectadores escutam um mesmo refrão – "entrar no mato, mas aonde ela(e) vai?". Quando começa a sequência de Rex Edmunds, o paradoxo desse reenquadramento começa a se instalar.

Por muito tempo, a colheitadeira monumental do capitalismo liberal classificou o que arrancava e agarrava baseando-se na raça e numa bússola global. Mas à medida que a gangrena volta à sua fonte, novos pântanos e esgotos tóxicos, assim como novas formas de corporalidades humanas e não humanas, constituem-se e são revelados. Nas Antilhas francesas, Vanessa Agard-Jones tenta rastrear a sexualidade, a raça e a expressão de gênero e acaba se de-

A toxicidade do liberalismo tardio

parando com "a corporificação química" das corporalidades por vir.[50] Os circuitos transnacionais do pesticapital – pesticidas que alteram o equilíbrio hormonal, como o clordecona – estão fazendo surgir novas formas de corpos humanos e novas formas de coletivos políticos nacionais. A Allied Signal Company começou a fabricar o clordecona (também conhecido como Kepone) nos anos 1950, em Hopewell (Virgínia). Depois de um derramamento e um escândalo público nos anos 1970, o clordecona foi proibido nos Estados Unidos. Mas poderosos grupos de fazendeiros na Martinica e em Guadalupe (principalmente brancos nascidos na colônia, ou *békés*) importaram grandes quantidades do pesticida com a autorização da França, embora esta tivesse proibido o uso do pesticida em suas fronteiras continentais. A França não proibiu o uso do pesticida em seus territórios racializados além-mar até os anos 1990. O lapso até a proibição resultou em níveis elevados de enfermidades (câncer de próstata, por exemplo) e "malformações" (nascimento de crianças intersexo, por exemplo). Por sua vez, esses corpos – nascidos fora do corpo com órgãos e confrontando uma bionormatividade ansiosa – estão produzindo uma política na interseção material entre a vulnerabilidade visceral e seu legado químico.

Essa direção pode estar mudando, como ocorreu antes, durante a Segunda Guerra Mundial. Viktor Orbán na Hungria, Donald Trump nos Estados Unidos, Jarosław e Lech Kaczyński na Polônia, Jair Bolsonaro no Brasil, Matteo Salvini e a Liga Norte na Itália: talvez tenha chegado a hora de deixar de lado as definições de liberalismo e olhar para o fraturamento e as múltiplas formas e figuras reivindicadas pelo sobrenome liberal, como fazem os artigos do livro *Mutant Neoliberalism*, organizado por William Callison e Zachary Manfredi.[51] Essa mudança não é meramente política, mas bioquímica. Tomemos

---

50 Vanessa Agard-Jones, "Spray". *Somatosphere*, 27 mai. 2014. Disponível on-line.
51 William Callison e Zachary Manfredi (orgs.), *Mutant Neoliberalism: Market Rule and Political Rupture*. New York: Fordham University Press, 2019.

como exemplo Rochester, em Nova York, onde a gigante Kodak Eastman está passando por um processo de demolição e mudança. O parque da Kodak está virando o Eastman Business Park. Para a cidade de Rochester, o momento não poderia ser melhor. Com a falência do mercado de filme fotográfico, a Kodak Eastman se afundou em dívidas e dispensou grande parte dos milhares de funcionários que trabalhavam em todos os 154 edifícios de seus 526 hectares. Em 2012, a taxa de desemprego na cidade chegou a 11,7%. Conforme cresciam as dívidas da empresa e das famílias, vazaram histórias de barragens e pântanos tóxicos. Bilhões de memórias silenciadas e sonhos comoventes tinham, de repente, um inconsciente tóxico. Os efeitos concretos daqueles "momentos da Kodak" se manifestaram como fibromialgia, neuropatias e cirrose biliar primária. Houve processos e mais processos. A Kodak admitiu que infringiu as leis de controle da poluição do ar e da água e criou uma "camada subterrânea de produtos químicos".[52] Áreas de alta incidência de câncer foram mapeadas. Zonas de recuperação ambiental foram criadas. Novas formas de emprego surgiram à medida que o filme era rebobinado e uma imagem tóxica se revelava. Descontaminar pode ser lucrativo. A Servpro ganha entre 100 milhões e 500 milhões de dólares por ano oferecendo serviços de limpeza e reforma residencial e comercial nos Estados Unidos e no Canadá. Isso inclui tratamento e recuperação de água poluída, reparo e reforma de danos causados por fogo e tratamento antimofo. A empresa fornece serviço de limpeza por danos provocados por tempestades e desastres de outras naturezas, como inundação causada por chuvas fortes, furacões, marés gigantes, tornados e ventos, tempestades de neve e grandes incêndios. Faz remoção de odores e limpeza de esgoto e áreas de alto risco de contaminação biológica, assim como serviços em cenas de crimes e acidentes, vandalismo e pichação.

---

52 Robert Hanley, "Eastman Kodak Admits Violations of Anti-pollution Laws". *New York Times*, 6 abr. 1990.

A toxicidade do liberalismo tardio

Mas, em Rochester e outros lugares poluídos, algumas pessoas não usam equipamentos de proteção. Chegam sem equipamentos, limpam e vão embora. Ficam porque não têm para onde ir nem meios para chegar lá. Como disse um homem que permanece sobre a camada tóxica em Rochester: "Eu não acho que morar em cima dela é pior do que morar em outro lugar".[53] Isso não significa que viver sobre camadas tóxicas ofereça um espaço de tranquilidade. A invisibilidade do perigo provoca faíscas afetivas que se chamam ansiedade e guiam o sistema nervoso de acordo com sua própria lógica e remédio. Opioides e anfetaminas preenchem o vácuo deixado pelas indústrias falidas.[54]

As pessoas olham à sua volta e perguntam: "Onde estão as toxinas? Como saber se este lugar está contaminado, se não posso ver ou cheirar as toxinas?".[55] Como posso me proteger, se a contaminação está cada vez mais em toda parte? Mesmo que as toxinas herdadas sejam identificadas, novas entram sorrateiramente no meio ambiente – algumas legalmente, outras não. Pior: quão eficazes são os métodos de descontaminação? E não é diferente de nenhum outro lugar. O horizonte está no passado e tem um cheiro específico. O antropólogo Ali Feser descobriu que, independentemente das provas contundentes da responsabilidade da Kodak, muitos ex-funcionários e seus filhos ainda associam o cheiro adstringente dos produtos fotoquímicos a dias melhores, momentos felizes, um futuro mais estável. A história sensorial dos produtos químicos penetra os afetos, cria laços de desejo, nostalgia e luto pelas toxinas que agora superaquecem lentamente os corpos e as paisagens. O odor encarna sensações nostálgicas de pleno emprego e trabalho

---

53 Ibid.
54 Jason Pine, "Economy of Speed: The New Narco-Capitalism". *Public Culture*, v. 19, n. 2, 2007.
55 Nicholas Shapiro, "Attuning to the Chemosphere: Domestic Formaldehyde, Bodily Reasoning, and the Chemical Sublime". *Cultural Anthropology*, v. 30, n. 3, 2015.

estável; de uma classe média trabalhadora; de um parentesco íntimo entre capital, produção e consumo; e do trabalho como algo além do labor precarizado, de hipotecas superavaliadas, de montanhas de dívidas.[56] Óbvio, já ficou claro que o lucro sempre foi mais importante que a vitalidade dos corpos; que a compreensão foucaultiana da biopolítica deveria ter enfatizado que fazer viver é um véu ideológico para deixar morrer; que a experiência da vitalidade e da potência é mais parecida com o que sente um viciado em metanfetamina; que misturar ácido de bateria, produtos para limpeza de esgoto, querosene e anticongelante é mais fácil do que parece. Agora sabemos que o geontopoder se esconde à luz do dia, dizendo a cada um para não se preocupar com a grande expansão da não vida, com o solo e o subsolo, os aquíferos e o ozônio, até que de repente o brilho que eles irradiam nos envolve, enquanto o capital químico faz um acordo perverso com o capitalismo consumista e o capitalismo informacional.[57]

---

56 Ali Feser, "'It Was a Family': Picturing Corporate Kinship in Eastman-Kodak", in x Conferência de Pós-Graduação em Estudos Visuais e Culturais, *Desenhando Juntos: Solidariedades, Imagens e Política*, 17 abr. 2015.

57 E. A. Povinelli, *Geontologias: um réquiem para o liberalismo tardio*, trad. Mariana Ruggieri. São Paulo: Ubu Editora, 2023.

A toxicidade do liberalismo tardio

PARTE II

3.

Fins atômicos

A terra toda e a terra conquistada

À luz do luar

Em um filme recente do coletivo Karrabing, *Sereias, ou Aiden no país das maravilhas* (2018), as consequências da contínua contaminação da existência finalmente batem à porta dos colonos. Os *berragut* (pessoas brancas, europeias, não indígenas) não podem mais se aventurar fora de casa sem serem atingidos mortalmente por seus próprios dejetos industriais. As pessoas indígenas, por sua vez, podem viver e vivem no mundo exterior, então os *berragut*, para tentar salvar a própria pele, realizam experimentos com os indígenas para ver se alguma substância pode ser extraída de seus corpos e de suas terras. O filme mostra Aiden, um jovem que foi liberado do experimento, seu irmão e seu tio em suas viagens pelas terras ancestrais. Pelo caminho, eles encontram diversos Sonhares (totens), inclusive sereias – que, de acordo com o tio de Aiden, Trevor Bianamu, continuam a viver como sempre viveram, ou seja, cantando à beira das nascentes e nas praias costeiras, seduzindo e levando os homens para seus covis aquosos, transportando as crianças por túneis aquáticos até uma ilha. Mas o irmão de Aiden, filho de Trevor, Gavin

Bianamu, discorda.[1] Trata-se de um mundo novo, um mundo de veneno e sadismo coloniais em que as sereias atuam como agentes dos *berragut*, transportando as pessoas para o "lugar da lama". Lá, as pessoas brancas "sugam a vida" das crianças e do lugar. As sereias parecem concordar com Gavin. Como diz uma das sereias ao seu jovem protegido durante a fatídica viagem até o lugar da lama: "Antes da chegada das pessoas brancas, o mundo estava bem. As sereias costumavam sair ao luar. Ficavam pela praia, simplesmente descansando. E tinha muita comida em todo o lugar. Agora não tem nada. As sereias não podem mais sair à luz do luar".

O filme tem também uma versão com dois canais de áudio, *Sereias, mundos espelhados*. Esse segundo filme alterna entre um relato ficcional de um mundo tóxico e devastado e uma série de anúncios publicitários reais de gigantes da indústria. No mundo não ficcional, multinacionais (como Monsanto e Dow Chemical), assim como inúmeros lobbies de mineração marinha e *fracking*, fazem comentários grosseiros sobre saúde, segurança e respeito ambiental que estão na base da capitalização da natureza. No chamado mundo ficcional, as sereias explicam as origens de uma terra devastada por substâncias tóxicas. Nas projeções reais, as sereias e o material publicitário cantam sob os rejeitos dos foguetes de Elon Musk enviados a Marte, movidos pela crença de que é mais provável que os seres humanos sobrevivam e criem um novo mundo no planeta vermelho do que na Terra.

À medida que as estrelas desaparecem no céu de Aiden, incapazes de penetrar a luz artificial do neoliberalismo, a importância das noções de terra, Gaia e mundo parece crescer para setores cada vez mais amplos das teorias críticas. Esses termos recobrem a existência com um conjunto distinto de cartografias e relações entre cartografias. Gaia manifesta o desejo do Ocidente de retornar a um encantamento original, um tempo em que a terra era regida

---

1 Utilizo as lógicas de parentesco karrabing aqui e em outros momentos do texto.

Fins atômicos

por deuses, criaturas totêmicas e materialidades animistas, ou talvez pelos pré-socráticos. A *terra* registra a mão implacável da racionalização tecnocientífica que há muito tempo condenou esses deuses, essas criaturas totêmicas e essas materialidades animistas a viver fora da natureza e dentro do reino das crenças mitológicas e culturais, do surreal e do fantasmático. O *mundo* permanece um lugar construído pelos seres humanos, onde coisas como Gaia e a natureza terrestre são discursivamente concebidas, debatidas, elaboradas ou extintas. Muitos espectadores não indígenas e alguns espectadores indígenas podem intuitivamente compreender que as sereias são habitantes de Gaia (um desejo coletivo de encantamento sinalizado pela ascensão de um relato ocidentalizado do *animista*), que a terra é a paisagem tóxica natural pela qual eles perambulam e que o mundo é a forma de sociedade humana que lhes permite existir como mito ou memória em um planeta devastado.

As duas versões de *Sereias* é uma metáfora útil (se não uma materialização literal) da bifurcação dos mundos sociais e críticos dos anos 1950. Por exemplo, o que compreenderíamos da genealogia dos quatro axiomas da existência se colocássemos Arendt em uma tela e Césaire em outra? Se olhássemos para a intersecção dos dois, que tela intermediária apareceria? Não seria uma tela que concilia a diferença, mas sim que manifesta uma estranha combinação e alteração, como um pedaço flutuante de dedo quando se olha de certa maneira para além da mão. Assim, Arendt e Césaire podem estar plenamente de acordo sobre as fontes do totalitarismo tóxico europeu de meados do século xx – que as sementes do totalitarismo que envenenou a Europa na longa duração dos regimes nazista e stalinista estavam no tratamento sádico dispensado aos não europeus – e, no entanto, possuir imaginários políticos muito diferentes a respeito da implicação do ingurgitamento ocidental de terras, vidas e mundos. Por quê? Porque Arendt busca compreender e reparar as epistemologias e ontologias ocidentais da ação política sob a ameaça iminente da aniquilação atômica, aprofundando-se à medida que ajusta as geontologias liberais. Para ela, a catástrofe é horizontal, vindoura, *à venir*. Para Césaire, a catástrofe é o *presente ancestral* de um colonialismo ocidental que destruiu vidas e mundos incontáveis, primeiro nas Américas e na África e depois por toda parte. À medida que o colonialismo percorria esses mundos, seus alicerces geontológicos entrelaçaram diferentes povos em hierarquias civilizacionais – desde os povos da Idade da Pedra até os selvagens e os bárbaros –, criando diferenças e divergências que teceram e depois complicaram as alianças dentro dos movimentos anticoloniais.

Nas páginas a seguir, comparo o desejo de Arendt de reparar e revitalizar as formas ocidentais de ação política sob a iminência de uma tempestade atômica com outros escritores e ativistas críticos, como Césaire, que partem dos mundos assaltados pela ação econômica e política do Ocidente e a eles retornam. Faço isso para compreender a agência destrutiva contida nos modos ocidentais de conhecer e existir no mundo que foram construídos a partir dos cataclismos do colonialismo. Começo com as reflexões de Arendt nos anos 1950 sobre o conceito de condição humana sob o céu escuro da aniquilação atômica. Prossigo com as críticas a Arendt, sobretudo de Kathryn Gines e Fred Moten, e as contra-histórias da condição humana que estavam emergindo do Atlântico Negro nos anos 1950 sobre o trans-humanismo, ao mesmo tempo que Arendt estava escrevendo seus principais textos: *Origens do totalitarismo*, *A condição humana* e *Sobre a revolução*. Essa história está situada em relação às lutas indígenas contra a mineração extrativa e os testes nucleares na Austrália. Se Arendt via a aniquilação nuclear no horizonte da Europa Ocidental, os povos indígenas da Austrália colonial viviam em zonas de testes nucleares reais. A compreensão desses povos acerca da condição humana divergia radicalmente e se opunha à dela, mas também levanta questões sobre a consistência do trans-humano e do mais-que-humano.

Fins atômicos

Diante da aniquilação atômica

Muitas pessoas têm defendido a relevância da obra de Arendt no momento climático atual. A ascensão de novas formas de nacionalismo neofascista nas Américas, no Pacífico e na Europa; a subsunção dos mundos humanos e naturais à tecnointeligência maquínica; o tratamento dado a imigrantes que fogem da América Latina, África e Oriente Médio para os Estados Unidos e a Europa; as condições e soluções políticas para o colapso climático – encarando a catástrofe por vir, estudiosos tão diversos entre si como o marxista-crítico Andreas Malm e o professor de robótica Andre Davison recorrem a Arendt para compreender como a condição humana está sendo alterada pelo caos climático.[2] Os jornalistas ambientais Kerrie Foxwell-Norton e Wen Stephenson concordam. Foxwell-Norton pergunta o que Arendt teria pensado se caminhasse por uma praia abarrotada de plástico nas Maldivas. Não seria esse detrito plástico "o símbolo do vandalismo planetário, frequentemente diário e banal, que dá origem à mudança climática"?[3] Stephenson argumenta que Arendt nos fornece uma estrutura para os "fatos fundamentais das condições reais do mundo em que vivemos" – as duas "catástrofes, planetária e política", atuais e por vir. Stephenson continua:

> Com a vitória da máquina industrial do carbono, confrontamos, evidentemente, forças corporativas e políticas que não apenas possuem uma ideologia racista, mas também ambições e orienta-

---

2 Ver, por exemplo, Wen Stephenson, "Learning to Live in the Dark" (*Los Angeles Review of Books*, 22 nov. 2017); Andreas Malm, *After the Storm: Nature and Society in a Warming World* (London: Verso, 2018); e Andrew Davison, "Not to Escape the World but to Joint It: Responding to Climate Change with Imagination Not Fantasy" (*Philosophical Transactions of the Royal Society*, v. 375, n. 2095, 2017).

3 Ver Kerrie Foxwell-Norton, "What Would Hannah Arendt Have Seen on a Beach Covered in Plastic Bottles?". *Climate Home News*, 5 dez. 2017. Disponível on-line.

ções totalitárias que ainda não se transformaram plenamente em métodos. No entanto, em relação aos métodos, é possível argumentar que a garantia de sofrimento e morte de milhões de vidas inocentes, mentindo e obstruindo medidas urgentes em prol da vida, marca uma espécie de avanço histórico na arte do massacre administrativo.[4]

Arendt também encontrou novos leitores nos estudos críticos indígenas e subalternos. Vanessa Sloan Morgan, por exemplo, recorre à noção arendtiana de "política prefigurativa" como ferramenta para contrapor o negacionismo dos colonos contemporâneos que se recusam a assumir qualquer responsabilidade pelos danos causados pelo colonialismo no passado. Sloan Morgan escreve: "A inabilidade para prever as consequências das transgressões éticas e a espacialidade por meio da qual os colonos se assentam na terra – e se implicam nas relações coloniais de ocupação – enfatiza a importância da política prefigurativa nas responsabilidades coloniais".[5] Embora o contexto seja o da política canadense, o argumento de Sloan Morgan se adequa perfeitamente à Austrália dos Karrabing. Lá, John Howard, líder dos conservadores e primeiro-ministro da Austrália de 1996 a 2007, negou qualquer ligação entre as ações passadas e as condições presentes: "Não creio, por uma questão de princípios, que uma geração possa assumir a responsabilidade por

---

4 W. Stephenson, "Learning to Live in the Dark", op. cit.

5 Ver Sloan Morgan, "Moving from Rights to Responsibilities: Extending Hannah Arendt's Critique of Collective Responsibility to the Settler Colonial Context of Canada" (*Settler Colonial Studies*, v. 8, n. 3, 2018). Ver também Elizabeth Strakosch, "Beyond Colonial Completion: Arendt, Settler Colonialism, and the End of Politics" in S. Maddison, T. Clark e R. de Costa (orgs.), *The Limits of Settler Colonial Reconciliation* (Singapore: Springer, 2016); e Bonnie Honig, "What Kind of Thing Is Land? Hannah Arendt's Object Relations, or: The Jewish Unconscious of Arendt's Most 'Greek' Text" (*Political Theory*, v. 44, n. 3, 2016). Patchen Markell observa o uso específico da noção de cultura em Arendt em "Arendt's Work: On the Architecture of The Human Condition". *College Literature*, v. 38, n. 1, 2011, p. 32.

Fins atômicos

atos de uma geração anterior. Não posso aceitar isso por uma questão de princípios".[6]

Nos estudos subalternos, algumas pessoas também reverenciam Arendt. Dipesh Chakrabarty refere-se ao trabalho de Arendt no título de suas Tanner Lectures: *A condição humana no Antropoceno*, e pergunta-se, como também se perguntou Arendt, que forma de esperança poderia ser vislumbrada diante do precipício de "uma era nova e desconhecida".[7] À medida que entramos, desgovernados, num mundo ecologicamente danificado, podemos encontrar um espaço de esperança, por exemplo, na intersecção contemporânea entre os discursos da globalização e as ciências da mudança climática? Para responder a essas perguntas, Chakrabarty recorre ao professor de Arendt, Karl Jaspers, que cunhou a frase e o método para desentranhar a "consciência epocal". Para Chakrabarty, a esperança depende da compreensão da natureza da nossa consciência epocal num mundo comum, porém distinto, um mundo em que as mudanças climáticas e ecológicas acontecem para todos nós (trata-se de um evento planetário), mas não do mesmo modo (seus efeitos são territorialmente diversos). Para Chakrabarty, nossa consciência epocal deve se encontrar não no "conceito abstrato da Terra", mas no "mundo vivido" que nos é revelado pelo impacto de três formas de conhecimento temporal em colapso: o conhecimento histórico, o conhecimento de espécie e o conhecimento geológico. Em outras palavras: as histórias das culturas e sociedades humanas, as histórias das origens das espécies e a história da formação planetária, inclusive o surgimento da vida a partir da superfície quente e rochosa da Terra.[8] Por muito tempo, argumenta Chakrabarty, essas

---

6 Anne Davies, "Nothing to Say Sorry For: Howard". *Sydney Morning Herald*, 12 mar. 2008. Disponível on-line.

7 Hannah Arendt, *A condição humana*, trad. Roberto Raposo. Rio de Janeiro: Forense Universitária, 2007, p. 14.

8 Dipesh Chakrabarty, "A condição humana no Antropoceno". *Anthropocenica*, n. 4, 2023, p. 191.

disciplinas do tempo podiam ser experimentadas com grandes lapsos entre elas. Os processos geológicos que condicionaram o surgimento da vida em sua natureza mais elementar pareciam estar a uma grande distância temporal da origem da espécie humana; e esse desdobramento temporal da vida das espécies parecia estar a uma grande distância da história das culturas e civilizações humanas. Já não é mais assim. Sob pressão da catástrofe climática antropogênica, essas molduras temporais implodiram; como resultado, nossa consciência epocal colapsou violentamente sobre si mesma. Escreve Chakrabarty:

> Aqui eu sugeriria, como já sugeri noutro lugar, que a nossa queda na história profunda ou grande é também sobre um "arremesso" [*thrownness*] heideggeriano, o choque do reconhecimento de que o mundo-terra não existe simplesmente como o nosso lar, como os astronautas pensaram olhando para a esfera flutuante a partir do espaço. Este "arremesso" diz respeito ao reconhecimento da alteridade do próprio planeta: um despertar para a consciência de que nem sempre estamos em relação prática e/ou estética com este lugar onde nos encontramos.[9]

Chakrabarty remete seus leitores e leitoras ao livro *As eras de Gaia*, de James Lovelock, para mostrar como as ordens geontológicas da vida e da não vida foram abaladas. No livro, Lovelock argumenta que, para tornar Marte "um lar adequado à vida", era preciso começar não por tecnologias de moradia humana, mas de moradia de bactérias. Em outras palavras, Lovelock vê a *zoé*, e não a *bíos*, como a verdadeira condição do ser humano – os seres humanos dependem do drama mais geral da vida, seu surgimento a partir da inércia e sua inserção possível na *bíos nullius* da Lua e de Marte. Observe-se que, para Lovelock e Chakrabarty, é a cisão radical entre

---

9 Ibid., pp. 191-92.

Fins atômicos

não vida e vida que dispara o relógio e ativa as engrenagens da periodização histórica. Primeiro vemos uma separação geontológica entre a natureza rochosa e sem vida da terra e o surgimento da vivacidade da especiação. Formas e forças geológicas – não vida – certamente mudam com o tempo, mas, diferentemente das entidades biológicas, essa mudança não pode ser atribuída a uma orientação inerente à atualização da forma: como a semente orientada para se tornar uma árvore, ou uma criança, um adulto. Somente a vida, animada pelo *imaginário do carbono*, é considerada detentora dessa dinâmica. O imaginário do carbono é o que fundamenta Lovelock quando ele inverte a hierarquia entre *zoé* e *bíos*, mas ainda mantém uma diferença ontológica e temporal com relação às paisagens inertes, inanimadas e estéreis de Marte. Para Lovelock, os acadêmicos permanecem excessivamente focados no tempo histórico humano – separando o humano de suas condições zoológicas. O tempo histórico humano também possui relógios diferentes, como aquilo que Elizabeth Freeman chama de crononormatividade neoliberal, o uso do tempo e do desdobramento biológico da vida "para organizar corpos humanos individuais com o objetivo de máxima produtividade".[10] Mas o que estamos experimentando agora, segundo Chakrabarty, é o colapso radical dessas formas, antes separadas, de compreensão e percepção do tempo.

Arendt também imagina astronautas olhando a Terra de cima, estacionados sobre a Lua ou Marte, mas por razões diametralmente opostas àquelas de Lovelock. As celebrações da chegada do homem à Lua expressaram discursivamente o problema (e não a realização) do cercamento social do tecnocapitalismo. No fim dos anos 1950, Arendt já se defrontava com um horizonte sombrio. Enquanto escrevia *Origens do totalitarismo* e *A condição humana*, o Sputnik foi enviado ao espaço e as ciências cibernéticas buscavam criar uma

---

10 Ver a introdução de E. Freeman, *Time Binds: Queer Temporalities, Queer Histories*. Durham: Duke University Press, 2010.

mente maquínica à altura dos poderes da mente e das tecnologias humanas, ou superior a elas. Ambas prometiam (ou ameaçavam, a depender da perspectiva) expandir a vida e os projetos humanos para além da Terra, rumo às estrelas, ao mesmo tempo que toda a vida na terra poderia ser imediatamente aniquilada por uma decisão automatizada acidental.[11] O filme *Dr. Fantástico* (Stanley Kubrick, 1964) tardaria ainda uma década a ser lançado, mas as terríveis possibilidades de botões serem acionados por engano e de programas controlados por computadores ativarem outras máquinas controladas por computadores já estavam na mente de Arendt. Ela advertia seus leitores e leitoras que os seres humanos estavam sofrendo uma alienação tão profunda em relação à natureza e ao mundo que não existia apenas a possibilidade da extinção humana, mas também do repúdio a Gaia, "uma terra que era Mãe de todos os seres vivos sob o firmamento".[12] Era como se a humanidade não se importasse mais em pertencer ao planeta, abrindo caminho para uma nova era assustadora. A terra e o mundo que a governava haviam reduzido tudo a coisas – inclusive os seres humanos – que poderiam ser usadas e maximizadas para o lucro. Tudo era instrumentalizado com o fim único da acumulação, da expressão e do consumo pessoais. Os bilionários que agora constroem seus *bunkers* para sobreviver ao apocalipse tóxico por vir exemplificam essa doença identificada por Arendt. Hoje, em vez de renunciar aos processos que estão consumindo a terra, eles estão acumulando, em velocidades cada vez maiores, a partir do consumo, despossuindo outros e tudo de forma mais eficiente, para que talvez eles e suas famílias biológicas possam ser salvas do planeta que eles estão des-

---

11 Simbirski observa que, embora já demonstrasse alguma desconfiança, Arendt, no fim dos anos 1950, "passou a associar a violência nuclear à automação e à cibernética". Brian Simbirski, "Cybernetic Muse: Hannah Arendt on Automation, 1951-1958". *Journal of the History of Ideas*, v. 77, n. 4, 2016, pp. 589-613.

12 H. Arendt, *A condição humana*, op. cit., p. 10.

truindo. A lógica é tão maluca que é difícil descrevê-la sem colocar a sintaxe à prova. Para Arendt, essa loucura transbordou da Europa e depois a inundou como uma atmosfera, uma atitude, uma orientação – estamos todos sozinhos no universo; estamos todos presos a esse planeta; estamos rezando para sermos salvos deste mundo porque a terra inteira e tudo nela está corrompida e é descartável. Podemos substituir a terra contaminada por Marte terraformado, mas a condição humana permanece a mesma. Para Arendt, a condição humana está ligada irredutivelmente à terra e aos mundos construídos nela. O astronauta que foi deixado por engano em Marte e confecciona instrumentos para construir uma morada que possa permitir a vida revela sua condição humana apenas quando sinaliza desesperadamente sua presença a outras pessoas que talvez consigam escutá-lo, talvez não. Em outras palavras, a condição biológica desse homem de Marte pode depender de infraestruturas tecnocientíficas, mas sua condição humana se expressa em relação a outros seres humanos que vivem na terra.

A implantação tecnológica da racionalidade científica a que Arendt se refere em sua discussão sobre a viagem planetária fazia parte, é claro, daquilo que o presidente estadunidense Dwight Eisenhower chamava de complexo industrial-militar-acadêmico dos Estados Unidos.[13] Arendt via esse complexo não apenas como a causa do empobrecimento de inúmeros mundos humanos, mas também como uma ameaça às bases materiais de todos os mundos atuais e possíveis que existem exclusivamente na *terra*. As ciências da vida, entre elas as histórias da evolução do planeta e das espécies e suas obsessões com a necessidade, haviam reduzido a natureza triádica da compreensão grega da condição humana (biologia, trabalho e pluralidade) a uma única condição: necessidade biológica. Para se contrapor à acelerada alienação humana em relação à terra

---

13 Ver Henry A. Giroux, *University in Chains: Confronting the Military-Industrial-Academic Complex*. Boulder: Paradigm, 2007.

e ao mundo, causada pela globalização do utilitarismo tecnocientífico, Arendt adotou as qualidades do *Angelus Novus*, de Walter Benjamin. Enquanto os ventos de uma tempestade atômica iminente a impeliam adiante, ela olhou para trás, para o passado da Europa, colocando suas apostas na compreensão clássica grega da *vita activa* da condição humana, a saber, labor (*animal laborans*), trabalho (*Homo faber*) e ação (animal político, *zoon politikon*) como uma inspiração para um futuro político reelaborado.

Inicialmente interessado na teoria marxiana da força de trabalho, o ensaio *A condição humana* acabou se tornando uma ampla reflexão sobre a transformação histórica do sentido e do propósito da vida política (*zoon politikon*), cujo foco passava da ação à força de trabalho. De fato, uma leitura superficial de *A condição humana* pode erroneamente apontar a diferença entre força (de trabalho) e ação política como o coração e a alma do texto. Arendt define o labor como "a atividade que corresponde ao processo biológico do corpo humano, cujos crescimento espontâneo, metabolismo e eventual declínio têm a ver com as necessidades vitais produzidas e introduzidas pelo labor no processo da vida".[14] O labor opera e se endereça aos reinos materiais e biológicos da necessidade – das necessidades animais, alimento, bebida, abrigo, prazer, produtividade, abundância, aquilo que ela chama do "ônus da vida biológica" sobre a terra.[15] O labor é a atividade que realizamos apenas para nos mantermos vivos e mantermos nossos parentes vivos pelo máximo de tempo possível. Ele é animado pelo imaginário de carbono e opera em uma pessoa, em seu corpo, e na espécie humana de forma circular – nascimento, desenvolvimento, reprodução, morte, repetição. Portanto, embora a natalidade biológica crie, ela cria pela repetição; seus inícios físicos são rigidamente contidos e consumi-

---

14 H. Arendt, *A condição humana*, op. cit., p. 15.
15 Ibid., p. 131.

Fins atômicos

dos pelos ritmos da mortalidade.[16] Tal qual o labor. O labor não rompe nem se afasta das necessidades biológicas que oferecem a condição irredutível, natural e circular do ser humano. De fato, o labor é o novelo de existência que os seres humanos compartilham com outros entes vivos. Seres humanos, bolotas, polvos, amebas e todos os outros organismos partilham um processo interno, "automático", que se realiza no nascimento e é "indiferente a decisões voluntárias ou finalidades humanamente importantes".[17] Em outras palavras, embora o labor conecte os seres humanos ao filo da *zoé*, ele não o distingue da condição humana.

A ação, por outro lado, se constitui a partir de um tipo de fala e uma forma de ato que ocorre "diretamente entre os homens sem a mediação das coisas ou da matéria". Ela "corresponde à condição humana da pluralidade, ao fato de que homens, e não o Homem, vivem na Terra e habitam o mundo".[18] Ela se manifesta em um tipo de fala em que aqueles que estão livres da necessidade se dirigem a outros igualmente livres. Toda ação pequena ou grande revela quem uma pessoa é em relação ao modo, à temporalidade e ao ordenamento de sua fala e ação. Como observa Arendt: "Esta revelação de 'quem', em contraposição a 'o que' alguém é [...] está implícita em tudo o que se diz ou faz".[19] A ação, no entanto, não apenas revela quem uma pessoa é, como também detona um conjunto de efeitos em cascata que não podem ser antecipados, controlados ou revertidos: "a ação, embora possa provir do nada, por assim dizer, atua sobre um meio no qual toda reação se converte em reação em cadeia, e todo processo é causa de novos processos".[20] O

---

16 Ver Miguel Vatter, "Natality and Biopolitics in Hannah Arendt". *Revista de Ciência Política*, v. 26, n. 2, 2006, pp. 137-59; e Patricia Bowen-Moore, *Hannah Arendt's Philosophy of Natality*. London: Macmillan, 1989.

17 H. Arendt, *A condição humana*, op. cit., p. 118.

18 Ibid., p. 15.

19 Ibid., p. 192.

20 Ibid., p. 203.

evento mais minúsculo, o "menor dos atos, nas circunstâncias mais limitadas, traz em si a semente da mesma ilimitação, pois basta um ato e, às vezes, uma palavra para mudar todo um conjunto".[21] Não é possível reverter o processo – não é possível purificar lixo tóxico e devolvê-lo ao seu estado anterior. (Mesmo se freássemos a contribuição humana às mudanças climáticas neste exato instante em que digito esta frase em um trem da Eurostar em dezembro de 2019, não poderemos levar o mundo de volta ao lugar onde ele estava). Não é possível desdizer o que foi dito. Tampouco tentar escapar da avalanche de efeitos imprevistos da ação humana retirando-se na solidão ou fugindo para os céus ou para as estrelas. Sendo essa a natureza da condição, os seres humanos precisam permanecer juntos e revelar agora quem são por meio da criação de uma nova pluralidade na zona de explosão.

É aqui que o trabalho (*Homo faber*) se torna central para Arendt como figura mediadora entre labor e ação. A distinção entre labor e trabalho e entre trabalho e ação possuiu enorme importância para Arendt – Patchen Markell afirma que ela considerava sua descoberta do conceito de "trabalho" tão importante quanto a descoberta da força de trabalho por Marx.[22] Se o labor pode ser encontrado na relação entre pessoas e sua mortalidade, e a ação na pluralidade da fala, o trabalho pode ser encontrado na relação entre o trabalhador e seu objeto. O trabalhador tem uma ideia e busca reificá-la – materializá-la – em uma forma durável. O trabalhador coloca essa ideia acima, através e entre as coisas, ou, à luz da discussão do axioma 1, o trabalhador pressupõe e depois constitui a própria natureza da coisidade. As topologias de objeto imaginadas na esfera da ação são colocadas em movimento pelo *Homo faber*, que torna práticas as decisões entre isto e aquilo, aqui e lá, transformando um

---

21 Ibid.
22 P. Markell, "Arendt's Work", op. cit.

Fins atômicos

"amontoado de artigos incoerentes"[23] em um mundo de coisas. O trabalho é crucial para a ação política porque ele interrompe a circularidade incessante do consumo imediato que define o labor e nos oferece objetos duráveis que podemos habitar – o trabalho permite que estejamos em um mundo, em vez de simplesmente estarmos sobre a terra ou sermos da terra. Como afirma Arendt, o trabalho "produz um mundo 'artificial' de coisas, nitidamente diferente de qualquer ambiente natural".[24] Assim, trabalhadores (*Homo faber*), distintos dos seres humanos em sua condição de *animal laborans*, possuem uma tarefa mundana e existencial: a imposição de uma rede de relações ideacionais sobre as coisas e, por meio dessas fabricações mundanas duráveis, a construção de um mundo em que ocorram ações humanas. Portanto, se o labor atua em um movimento circular, o trabalho proporciona a pele artificial durável (parede, mesa, trincheira, teto) que impõe à circularidade uma nova forma de persistência e durabilidade. Os abrigos criados pelo *Homo faber* duram muito mais que o tempo de vida de uma pessoa – ou duravam antes da produção da obsolescência e de tecnologias sem conserto. Mas eles também são criações do trabalho da ação, da imaginação e do abandono dos abrigos duráveis onde a imortalidade reside – ou não. A produção desses abrigos também pode ter deixado para trás, e pode estar deixando para trás, montanhas de produtos tóxicos que, em última instância, aniquilam a condição humana, mas isso não foi considerado por Arendt.

O conceito de imortalidade é crucial para Arendt, não apenas em sua teoria da *vida activa*, mas em sua preocupação com a alienação humana relativa à terra e ao mundo. O labor, o trabalho e a ação, todos criam algo, mas, para Arendt, somente a ação cria "alguém" e a possibilidade de essa pessoa se tornar imortal, em vez de apenas

---

23 H. Arendt, *A condição humana*, op. cit., p. 17.
24 Ibid., p. 15.

criar "o início de uma coisa".[25] Dito de outro modo, somente a ação rompe a circularidade do labor, da vida e da natureza duradoura, mas sempre em erosão, da materialidade do trabalho; somente a ação oferece a possibilidade de permanecermos na terra de uma forma que não está desvinculada da vida biológica.[26] Aqui podemos retornar à distinção realizada por Arendt entre terra e mundo, entre estar "sobre a terra" e habitar um mundo. Essa dualidade é expressa de múltiplas maneiras no decorrer do texto e é crucial para o modo como ela concebe a condição humana e, portanto, os fundamentos para a ação política. Assim, estamos na terra ou somos da terra, como indivíduos mortais; vivemos de acordo com os ritmos da vida, precisando constantemente sustentar nossos corpos. Não há condição humana sem esses fundamentos biológicos e a atividade correspondente de labor que a mantém em seu lugar.

Essa condição natural é uma precondição inevitável e necessária no mundo humano. Mas é apenas uma precondição. Ser um ser humano, ela diz, é habitar um mundo. Um mundo apropriado para seres humanos permite que falemos e ajamos de modo que nossas ações se estendam para além de nossa mortalidade sem nunca deixar a terra. Algumas ações chocam quem as testemunha. Algumas ações continuam reverberando muito tempo depois que o corpo falante se tornou pó e terra. Pessoas muito faladas se tornam imortais, em vez de eternas; elas permanecem na terra por meio da atividade de outras pessoas que continuam a se lembrar delas. Os imortais não deixam a terra em busca de uma abstração celeste. Eles se tornam heroicos ou ao menos permanecem nas memórias, palavras e ações de outras pessoas. Essa era a compreensão dos gregos, que as pessoas podiam permanecer na terra e no mundo na forma de fala e memórias ativas, muito depois de seu corpo físico ter virado pó. É por isso que Arendt considera o conceito cristão de eterni-

---

25 Ibid., p. 190.
26 Ibid.

Fins atômicos

dade perigoso – ele nega as condições biológicas do humano, seu domínio telúrico. Marcianos e anjos podem viver em algum lugar do céu, mas não os seres humanos. Estamos grudados à terra. Nosso alinhamento com a imortalidade nos orienta para essa condição telúrica, para os mundos que criamos aqui e para o trabalho que precisa ser feito para construirmos uma morada adequada. Esses alinhamentos fundamentam a necessidade de cuidarmos da terra como o substrato irredutível dos mundos humanos; eles tornam a terra mais atraente, mais preciosa e mais vital porque não há outro lugar para nós.

Revelações do Atlântico Negro

Ao fim de *A condição humana*, Arendt retorna ao seu ponto de partida – a ameaça da aniquilação atômica total e a cadeia de consequências não intencionais que surgiram de uma série de ações, delineadas em *Origens do totalitarismo*, *Sobre a revolução* e *A condição humana*. Para Arendt, essas ações transformaram a composição e a constelação total do mundo humano, criando uma série de catástrofes que acumularam "ruína sobre ruína".[27] Em *A condição humana*, essas ações são também a invenção do telescópio, a circum-navegação do mundo e a virada introspectiva do cristianismo. Em *Origens do totalitarismo*, a ação principal é o imperialismo, uma condição da Europa fora da Europa que Arendt distingue incisivamente do colonialismo. Segundo ela, diferentemente do imperialismo, a "colonização ocorreu na América e na Austrália, dois continentes que, sem cultura ou história próprias, haviam caído

---

27 Walter Benjamin, "Teses sobre o conceito de história", in *Obras escolhidas*, v. 1: *Magia e técnica, arte e política*, trad. Sergio Paulo Rouanet. São Paulo: Brasiliense, 1987, p. 226.

nas mãos dos europeus".[28] O imperialismo europeu ocorreu muito tempo depois na África e na Ásia (1884-1914), quando a terra já havia virado coisa e o capitalismo havia emergido do ingurgitamento do valor humano e material no comércio triangular que definiu o Atlântico entre os séculos XVI e XIX. Nenhum desejo de criar novas formas de pluralidades humanas definiu as "aventuras" europeias em mundos imperiais. Territórios imperiais eram considerados somente em relação ao que poderiam oferecer para o enriquecimento contínuo da metrópole. John Adams não era Cecil Rhodes, continua Arendt, porque Adams buscava uma "completa transformação da sociedade" em sua consideração da "colonização da América como a inauguração de um grandioso plano e desígnio da Providência para o esclarecimento dos ignorantes e a emancipação da parcela escrava da humanidade em toda a Terra".[29] Rhodes simplesmente pensava em seu corpo rabelaisiano.

Quando *Sobre a revolução* e *Origens do totalitarismo* são lidos em comparação com *A condição humana*, a distinção traçada por Arendt entre as duas grandes revoluções do fim do século XVIII, a francesa e a americana, e o mundo imperial pode, à primeira vista, parecer um argumento histórico. Ela parece estar dizendo algo como: porque o Social e o capitalismo ainda não haviam aparecido quando as Américas e a Austrália foram colonizadas, a ação política nesses mundos ainda era possível; quando chegamos no período imperial, a transformação das esferas pública e privada já havia se consolidado, lançando o Social sobre o mundo. Essa linha do tempo histórica, evidentemente, não funciona porque, ao mesmo tempo que Arendt elogia a Revolução Americana como exemplar da ação política, ela descarta a Revolução Francesa como sendo exclusivamente sobre

---

28 H. Arendt, *Origens do totalitarismo*, trad. Roberto Raposo. São Paulo: Companhia das Letras, 1998, p. 217.

29 Id., *Sobre a revolução*, trad. Denise Bottmann. São Paulo: Companhia das Letras, 2013, p. 49.

Fins atômicos

a necessidade de pão e brioches. A ocupação da Austrália, contemporânea historicamente a ambas as revoluções, não deu existência a nada além de uma nova colônia penal. Para alguns, como Roberto Esposito, o que está em jogo na distinção de Arendt entre colonialismo e imperialismo é sua ambivalência em relação a uma forma de violência *justa*, considerando-se que ela caracteriza a violência como algo oposto à política. Em outras palavras, como podemos conciliar a diferença entre a Arendt de *Sobre a violência* e a Arendt de *Sobre a revolução*? Como ela mesma diz em *Sobre a revolução*, "revoluções são os únicos eventos políticos que nos colocam diante do problema dos inícios".[30] Por que alguns casos de violência revolucionária constituem as fundações necessárias para a emergência de novas formas de pluralidade políticas e outros não? Permanecendo convictamente na esteira europeia, Esposito responde por meio de uma distinção entre o imaginário político de Simone Weil e Hannah Arendt, observando como cada uma coloca na balança "a destruição de uma cidade" (Troia) em relação "à fundação de outra" (Roma).[31]

Para muitas pessoas, a lógica que diferencia *Sobre a violência* de *Sobre a revolução* não vem de Troia, mas das atitudes raciais e racistas de Arendt. Fred Moten, por exemplo, concorda que o advento do colonialismo de ocupação e do colonialismo escravista nas Américas trouxe à tona "outra forma de existir" no mundo, mas desde que a criação desse novo mundo comum europeu envolvesse a destruição da multidão de mundos pretos e pardos que já existiam.[32] Por que

---

30 Ibid., p. 47.
31 Roberto Esposito, *The Origin of the Political: Hannah Arendt or Simone Weil?* New York: Fordham University Press, 2017, p. 44.
32 Ver Fred Moten, "The New International of Insurgent Feeling" (*Palestinian Campaign for the Academic and Cultural Boycott of Israel*, 7 nov. 2009). Ver também Achille Mbembe, "Necropolitics" (*Public Culture*, v. 15, n. 1, 2003); e Patricia Owens, "Racism in the Theory Canon: Hannah Arendt and 'The One Great Crime in Which America Was Never Involved'" (*Millennium: Journal of International Studies*, v. 45, n. 3, 2017).

essas vidas e mundos não pesam na análise arendtiana da condição humana, algo que Arendt pode até mencionar em seu texto, mas que não afeta seu pensamento conceitual? Kathryn Gines argumenta que se a análise arendtiana fosse lida do ponto de vista do colonialismo, em vez de Atenas ou do Sputnik, poderíamos perceber que a Revolução Americana nasceu e se fundamentou no sequestro vil de africanos e afro-americanos para o reino da necessidade e nas tentativas igualmente vis de despachar os povos indígenas para o reino da morte.[33] Essas ações violentas tornaram essas pessoas não apenas invisíveis para essa nova forma "revolucionária" de pluralidade pública, mas perversamente necessárias a ela.[34] Em outras palavras, o racismo e o colonialismo de ocupação não são alheios à emergência e à substância das formas estadunidenses de democracia ou à teoria política de Arendt, mas fundamentais a sua existência. Isso nos faz lembrar da declaração poderosa de Hortense Spillers: "Meu país precisa de mim e, se eu não estivesse aqui, eu teria que ser inventada".[35] Ou as observações de James Baldwin acerca de astros de cinema como John Wayne: "Os heróis, pelo que eu percebia, eram brancos − e não somente por causa dos filmes, mas por causa da terra em que eu viva, da qual os filmes eram apenas um reflexo". Ele diz ainda: "Eu desprezava e temia esses heróis porque eles se vingavam com suas próprias mãos. Eles pensavam que a vingança pertencia a eles e, sim, eu entendia isso. Meus conterrâneos eram meus inimigos".[36]

---

33 Ver Kathryn T. Gines, *Hannah Arendt and the Negro Question*. Bloomington: Indiana University Press, 2014.

34 Ver a leitura de Jurkevics sobre a compreensão arendtiana da revolução sob a perspectiva dos comentários escritos por ela nas margens de *O nomos da Terra*, de Carl Schmitt. Anna Jurkevics, "Hannah Arendt Reads Carl Schmitt's *The Nomos of the Earth*: A Dialogue on Law and Geopolitics from the Margins". *European Journal of Political Theory*, v. 16, n. 3, 2017.

35 Hortense J. Spillers, "Bebê da mamãe, talvez do papai: uma gramática estadunidense", in C. Barzaghi, S. Paterniani e A. Arias (orgs.), *Pensamento negro radical: antologia de ensaios*. São Paulo: Crocodilo, 2021, p. 29.

36 Raoul Peck (org.), *I am not your negro*. New York: Magnolia Pictures, 2016.

Fins atômicos

Ao mesmo tempo que reconhece que "a filosofia ocidental é eminentemente questionável quando se trata de assuntos de raça, orgulho civilizacional e valores ostensivamente 'universais'", Dana Villa argumenta que interpretações como as de Gines (e, podemos supor, Moten) são distorcidas por presenteísmo ou anacronismo, uma forma de leitura retrospectiva.[37] Contra essas práticas hermenêuticas equivocadas, Villa reitera a leitura-padrão de *Origens do totalitarismo*, a saber, que seu propósito era compreender as mentalidades e os eventos que levaram à catástrofe do totalitarismo europeu. Arendt, de acordo com Villa, não pretendia compreender o racismo europeu nem estava envolvida em uma investigação dos tropos raciais ocultos e não tão ocultos na tradição filosófica ocidental. Em uma espécie de condenação explicativa, Villa sugere que "o trabalho de Arendt pôs em foco a experiência do imperialismo e do racismo europeu" apenas porque estava tentando identificar os elementos principais que possibilitaram o totalitarismo.[38] Para Villa, o modo como compreendemos a periodização do imperialismo e sua diferença com o colonialismo depende de levarmos a sério a tarefa específica que Arendt estabeleceu para si mesma em *Origens do totalitarismo* ou seguirmos nossos próprios desejos. Villa escreve:

O que sentimos diante da análise de Gine depende, em grande medida, de quanto queremos mudar o foco da discussão, afastando-o das "origens" do totalitarismo enquanto tal e aproximando-o daquilo que poderíamos chamar de elementos prototalitários presentes no pensamento e na prática ocidentais antes do período imperial. A própria Arendt fez isso – pelo menos no que diz

---

37 Danna Villa, "Arendt and Totalitarianism: Context of Interpretation". *European Journal of Political Theory*, v. 10, n. 2, 2011, p. 290.
38 Ibid., p. 289.

respeito ao pensamento político ocidental – no estudo sobre Marx que afinal se transformou em *A condição humana*.[39]

Posso ver duas respostas distintas à provocação de Villa. A primeira seria simplesmente apontar que a noção arendtiana de imortalidade depende, segundo ela mesma, não de coisas estáticas ou de tornar as coisas estáticas, mas das dinâmicas da imprevisibilidade em cascata da ação. Talvez Arendt se afligisse se descobrisse que seu pensamento estava se tornando cada vez mais parecido com o cadáver de Lênin, com lacaios desesperados para impedir sua decomposição. Todas as nossas ações, como ela escreveu, revelam algo de nós, tanto no mundo em que vivemos e vivíamos quanto no mundo em que continuamos a viver após a nossa morte física. Fazer-se presente diante da cascata contínua do mundo, em toda a sua turbulência agônica, para além da mortalidade atual do corpo: isso é a imortalidade e é isso que ela faz. Podemos desejar nunca termos nascido. Podemos também nos perguntar, no alcance ilimitado dos tempos discursivos em constante modificação, por que algum dia almejamos nos tornarmos imortais.

Uma segunda resposta começaria concordando com Villa, mas chegaria a uma conclusão diferente. Arendt estava de fato interessada nas origens do totalitarismo europeu. Portanto, seu trânsito entre os mundos coloniais e imperiais era simplesmente isto: um trânsito entre duas Europas. Em *Origens do totalitarismo*, ela parte da Europa e transita entre os mundos coloniais e imperiais para então retornar à Europa de Stálin e Hitler. Em *A condição humana*, ela vai dos gregos clássicos à invenção europeia por excelência: a bomba atômica. Em outras palavras, penso que Villa tem razão – Arendt nunca se importou com os mundos que existiam entre a partida e entre a chegada à tradição ocidental. Esses outros mundos importavam na medida em que explicavam como o Ocidente se

---

39 Ibid., p. 291.

Fins atômicos

tornou inverdadeiro consigo mesmo e como podia reconquistar sua verdade. Em vez de perguntar como Arendt está sendo lida, podemos perguntar como sua descrição da condição humana e sua relevância para a espécie humana se comparam às outras descrições da condição humana que proliferaram nos anos 1950. O que acontece se nos importamos com os mundos que ela via apenas como locais de trânsito?

Havia muito para ler. Os anos 1950 foram palco de uma revolta global contra o *nomos* do mundo colonial. *Discurso sobre o colonialismo*, de Aimé Césaire, observa Robin D. G. Kelley,

> aparecia ao lado de outros textos cruciais sobre o impacto do colonialismo: *Cor e democracia* (1945) e *O mundo e a África* (1947), de W. E. B. Du Bois, *Pan-africanismo ou comunismo?* (1956), de George Padmore, *O colonizador e o colonizado* (1957), de Albert Memmi, *Escute, homem branco!* (1957), de Richard Wright, *Orfeu negro* (1948), de Jean-Paul Sartre, e revistas como *Presence Africaine* e *African Revolution*.[40]

Se acrescentarmos *Pele negra, máscaras brancas* (1952) e *Os condenados da terra* (1961), de Frantz Fanon, encontramos um conjunto completamente diferente de mapas e mapeamentos da história europeia do totalitarismo, do colonialismo, além do necropoder e de sua força destrutiva avassaladora sobre os mundos e a terra. A descrição demolidora de Césaire da gangrena colonial que se alastrava sobre o corpo europeu é equiparável ao relato de Du Bois sobre a relação entre a lei europeia e seus campos de extermínio em *O mundo e a África*.

> Não havia atrocidade nazista – campos de concentração, mutilações e assassinatos, violação de mulheres ou a blasfêmia monstruosa de

---

40 Robin D. G. Kelley, "Classic Texts: #15". *Community Development Journal*, v. 47, n. 1, 2012.

crianças – que a civilização cristã da Europa já não houvesse praticado muito tempo atrás contra pessoas de cor ao redor do mundo em nome da defesa de uma Raça Superior criada para comandar o mundo.[41]

Robert Penn Warren sabia disso quando leu "Reflexões sobre Little Rock", de Arendt, e escreveu sua réplica em *Who Speaks for the Negro?*[42]

Quanto observada sob a perspectiva da catástrofe ancestral e em curso do colonialismo – mutilação, assassinato, violação e sadismo (no passado e no presente) – nenhuma distinção entre colonialismo e imperialismo valia o seu peso analítico. O que importava era encontrar novos conceitos que poderiam revelar as condições concretas de opressão e animar a resistência considerando as diferenças e semelhanças da condição colonial – negritude, pan-africanismo, nativo, não alinhados. O que estava em jogo para os pensadores decoloniais dos anos 1950, em outras palavras, não era compreender o passado ou o futuro das catástrofes europeias, mas criar novas modalidades de realidade social e política nos rastros de uma Europa compreendida como catastrófica. Consideremos, por exemplo, o trabalho de Gary Wilder sobre Aimé Césaire e Léopold Senghor. Wilder começa com uma dúvida – por que Césaire apoiou a departamentalização da Martinica, em vez de sua independência?[43] Mas Wilder não está apenas interessado naquilo que levou Césaire

---

41 W. E. B. Du Bois, *The World and Africa and Color and Democracy*. Oxford: Oxford University Press, 2014, p. 15.

42 H. Arendt, "Reflections on Little Rock". *Dissent*, n. 6, 1959; Robert Penn Warren, *Who Speaks for the Negro?* New York: Random House, 1965.

43 Nesbitt argumenta que Césaire e outros proponentes da departamentalização da Martinica, de Guadalupe, da Guiana Francesa e da Reunião buscavam a efetiva "igualdade jurídica objetiva das velhas colônias", "contra a dominação das elites *béké* brancas". Ver Nick Nesbitt, "Departmentalization and the Logic of Decolonization". *L'Esprit Créateur*, v. 47, n. 1, 2007.

Fins atômicos

a defender intensamente a departamentalização e sim como essa tática política se relacionava com o desejo mais amplo de "reconhecer a história de interdependência entre a população da metrópole e a do ultramar e proteger as reivindicações econômicas e políticas desta última diante da sociedade metropolitana, que foi criada com o auxílio de seus recursos e trabalho".[44]

Não acho que seria um erro compreender o uso de "interdependência" em termos mais complexos, mais próximos daquilo que os teóricos contemporâneos querem dizer quando descrevem a existência como um entrelaçamento. Assim como o capitalismo, a sociedade metropolitana não existia antes da extração da despossessão colonial de terras e da escravização de pessoas. Essas duas formações sociais coemergiram como coisas emaranhadas, entrelaçadas e cocondicionadas, ao mesmo tempo que emaranhavam e recondicionavam os mundos em que elas emergiam e para os quais retornavam. Como resultado, se uma ou mais regiões desse entrelaçamento buscam uma nova condição, uma nova condição humana, as forças que mantêm a região em seu lugar mudam, e essas mudanças terão efeitos sobre toda a formação, num processo de reorganização imprevisível de inúmeros futuros atuais e potenciais. Segundo Paul Gilroy, não havia apenas uma possibilidade alternativa, mas "uma gama de possibilidades alternativas".[45] Césaire, Senghor, Fanon e inúmeros outros prospectaram essas possibilidades enquanto exploravam o modo como o desenrolar e o reenrolar de uma região poderia reverberar em toda a ordem política. Eles confrontaram a complexidade dos entrelaçamentos coloniais. A catástrofe colonial não criou apenas estruturas de confronto tais como colonizador e colonizado, capitalista e precariado, humanos

---

44 Gary Wilder, *Freedom Time: Negritude, Decolonization, and the Future of the World*. Durham: Duke University Press, 2015, p. 2.

45 Paul Gilroy, "Lecture I: Suffering and Infrahumanity". *The Tanner Lectures in Human Values*. Yale University, 21 fev. 2014, 24. Disponível on-line.

e outros-que-humanos, humanos e animais, seres orgânicos e inorgânicos. Ela disparou também uma série de novas condições que, simultaneamente, criaram e complicaram formas de solidariedade entre os condenados da terra.

Antes de abordar esses nós entrelaçados da diferença, vamos nos concentrar em outra crise atômica, não aquela que despontava no horizonte da visão arendtiana, mas aquela que acontecia na Austrália indígena enquanto Arendt escrevia *Origens do totalitarismo* e *A condição humana*.

Revelações dos mundos indígenas

A afirmação de Arendt de que os povos originários da Austrália ou dos Estados Unidos não possuíam cultura ou história própria alinhava sua filosofia política à ideologia colonial europeia, não apenas do século XVIII como também dos anos 1950. A violência que tal opinião permitia – a destruição de outros mundos em prol da expansão europeia – era inteiramente contemporânea da escrita de *Origens do totalitarismo* e *A condição humana*. Por exemplo, consideremos a Austrália dos anos 1950. Entre 1956 e 1957, houve duas controvérsias em torno do estatuto dos povos indígenas – Wongi, Pitjantjatjara, Ananagu e Ngaanyatharra – que viviam nas terras do deserto central. A primeira é conhecida como a controvérsia de Serra Warburton. A segunda, relacionada com a primeira, foi um dossiê sobre a Operação Totem, um dos vários testes nucleares que os ingleses realizaram nos territórios desses grupos indígenas. Os fatos básicos sobre a controvérsia de Serra Warburton foram descritos por inúmeros historiadores.[46] Em 1953, William Grayden, um parlamentar liberal do Oeste Australiano, fez uma viagem a Serra

---

46 Ver Museu Nacional da Austrália, "Warburton Ranges Controversy, 1957". Disponível on-line.

Rawlinson em busca dos restos mortais do explorador Ludwig Leichhardt.[47] Em vez de encontrar vestígios de Leichhardt, ele encontrou indígenas tão desprovidos de tudo que exigiu um inquérito parlamentar sobre os povos da região das serras Laverton e Warburton. O relatório, apresentado em 1956, aponta, entre outras coisas, que "desnutrição, cegueira, doença, aborto, infanticídio, queimaduras e outras lesões são generalizados".[48] Inicialmente esse e outros achados alcançaram um público pequeno, até que o jornal comunista de Sydney, o *Tribune*, publicou uma matéria intitulada "Relatório chocante do Parlamento do OA sobre os aborígenes", em 9 de janeiro de 1957. Outros jornais também publicaram matérias, gerando clamor popular. O *Perth Daily News* declarou: "Nativos de Warburton em Marcha da Morte".[49] Toda essa publicidade deu origem a quatro outras comitivas. Grayden retornou à região com Doug Nicholls, ativista, pastor, indígena do estado da Victoria, com uma câmera de 16 milímetros para documentar suas reivindicações.[50] Além disso, Rupert Murdoch, editor e dono do *Adelaide News*, levou uma equipe de jornalistas para uma visita. Os antropólogos Ronald e Catherine Berndt e Ruth Fink lideraram uma delegação. Por último, um funcionário da Secretaria de Saúde do Oeste Australiano percorreu a área. Ao mesmo tempo que Grayden produzia seu dossiê fílmico *Their Darkest Hour* e escrevia seu livro *Adam and Atoms*, as outras três comitivas negavam que grupos indígenas estivessem sendo severamente abusados por pastores e pelos testes nucleares.

---

47 Pamela McGrath e David Brooks, "Their Darkest Hour: The Films and Photographs of William Grayden and the History of the 'Warburton Ranges Controversy' of 1957". *Aboriginal History*, n. 24, 2010, p. 118.

48 W. L. Grayden, *Report of the Select Committee Appointed to Inquire into Native Welfare Conditions in the Laverton-Warburton Range Area*, 12 dez. 1956. Perth: William H. Wyatt, 1956, p. 18.

49 Citado em Ronald Berndt, "The 'Warburton Range' Controversy". *Australian Quarterly*, v. 29, n. 2, 1957.

50 Ibid.

A diversidade e o estilo dos argumentos nessas investigações ainda assustam. A defesa da cultura indígena por Murdoch, por exemplo. Rupert Murdoch possuía inúmeros vínculos com a indústria mineradora na Austrália. Não surpreende, portanto, que seu texto repudie veementemente os achados parlamentares, afirmando: "Nenhum aborígene nas reservas da Austrália Central está morrendo de sede ou fome – ou de doença".[51] Mas Murdoch se lançou em uma defesa extraordinária da força e do bem-estar desses "bons povos nativos" que "nunca usufruíram de condições melhores".[52] Ele descreve as pessoas com quem ele conversou como "gente feliz, boa, mergulhada no conhecimento de sua história altiva e grande amante de sua própria terra". Mesmo práticas que um público colono poderia considerar chocantes, como o infanticídio, são defendidas por Murdoch: "SIM, mães às vezes matam seus bebês".[53] Mas isso não significa que as mães indígenas não amem sua prole; trata-se apenas de uma adaptação às condições do deserto durante a seca.

Ronald Berndt tentou estabelecer um caminho entre Grayden – que, para ele, interpretou mal quase tudo que viu – e Murdoch – que, segundo ele, foi no extremo oposto quando disse que a vida indígena permanecia intocada nas serras Laverton e Warburton.[54] As críticas de Berndt ao relatório de ambos se baseavam em destacar as ferramentas investigativas da antropologia e em seu senso para perceber as mudanças objetivas que estavam ocorrendo na sociedade indígena desde a chegada dos europeus. "A vida tradicional aborígene foi inevitavelmente afetada" por missionários, pastores e mineiros, e "não apenas as atividades econômicas, mas também as cerimoniais e rituais".[55] Depois que suas fontes de água foram

---

51 Rupert Murdoch, "Sick, Starving Natives: Report Is Exaggeration". *News* (Adelaide), 1 fev. 1957. Disponível on-line.
52 Ibid.
53 Ibid.
54 R. Berndt, "The 'Warburton Range' Controversy", op. cit.
55 Ibid., p. 36.

Fins atômicos

roubadas e envenenadas, e suas paisagens foram transformadas em minas e ranchos de criação de ovinos, a maior parte dos indígenas passou a vida nas margens da mineração, das pastagens e das missões. Berndt é cuidadoso ao notar que "isso não significa que eles abdicaram de seus direitos hereditários sobre o território".[56] Em vez de afirmar que tudo estava errado, ou que não havia nenhum problema na região de Warburtorn, Berndt sugeria uma discussão pragmática – como desenhar políticas estaduais e federais baseadas no mundo em que as pessoas indígenas realmente viviam, em vez de fantasias de um povo triunfante ou derrotado.[57]

Grayden não se deixou dissuadir por Murdoch, Berndt ou outros membros das diversas expedições de investigação. Ele produziu de imediato e exibiu *The Darkest Hour* em salas de cinema de toda a Austrália. Esse filme é largamente reconhecido por ter mudado fundamentalmente as atitudes do colonialismo de ocupação contra os povos indígenas, criando uma onda de simpatia pela causa. Mas não foi apenas a simpatia pelos indígenas que animou o público. O *Tribune* e outros jornais informaram que os povos indígenas estavam passando fome *e que* viviam nas zonas de precipitação radioativa das áreas de testes atômicos. Poucos colonos estavam cientes do grau de perigo desses testes – isso quando estavam cientes de sua existência.[58] Além do choque de descobrir que o governo estava escondendo o alcance e os efeitos dos testes nucleares realizados por estrangeiros em solo australiano, ainda se descobriu que o governo federal não tinha poder para proteger os indígenas da precipitação nuclear; de fato, o governo estava explicitamente proibido

---

56 Ibid., p. 37.

57 Marcia Langton tem defendido a metodologia de Berndt à sombra daquilo que ela descreve como modos contemporâneos essencialistas e comunais de ativismo aborígene. Ver Langton, "Anthropology, Politics and the Changing World of Aboriginal Australians". *Anthropological Forum*, v. 21, n. 1, 2011.

58 Para uma história dos testes, ver Lorna Arnold, *Britain, Australia, and the Bomb: The Nuclear Tests and Their Aftermath*. Basingstoke: Palgrave Macmillan, 2006.

de propor leis que dissessem respeito a eles. Imagens de homens, mulheres e crianças indígenas passando fome e cheios de queimaduras, relatos de terras arrasadas e contaminadas levaram à criação do Conselho Federal para o Avanço Aborígene, instaurando o referendo de 1967 que deu ao governo federal o poder de legislar em prol dos povos indígenas e, finalmente, criar a primeira grande legislação relativa aos direitos fundiários, a Lei dos Direitos à Terra do Território do Norte, de 1976. Berndt teve muita influência sobre a redação das leis; além disso, a antropologia se tornou um agente mediador, obrigatório por lei, entre os povos indígenas e o Estado. No centro da legislação havia uma prova decisiva de autenticidade – ou, mais precisamente, a definição pela antropologia social de quem eram os "proprietários aborígenes originários". Cada requerente indígena seria avaliado por uma régua morbidamente calibrada por uma escala colonial – quanto mais a colonização devastava os mundos indígenas, menos os colonos precisavam devolver, porque, de acordo com o cálculo antropológico, quanto maior o efeito da ocupação colonial, menos os povos indígenas podiam reivindicar diferença cultural e social.

Enquanto isso, como observam Pamela Faye McGrath e Davi Brooks, ninguém pensou em perguntar o que os espectadores indígenas do filme de Grayden viram quando assistiram às imagens daquelas famílias de indígenas. Após uma detalhada pesquisa em arquivos, McGrath e Brooks concluem que, para muitos espectadores indígenas, essas imagens não indicavam pobreza e desamparo, tampouco uma aferição entre as tradições autênticas pré-coloniais e os acúmulos inevitáveis da assimilação. McGrath e Brooks escrevem: "A maneira como os sujeitos aborígenes viam *Their Darkest Hour* tinha a ver em grande medida com o fato de que eles escolheram, com êxito, permanecer em suas terras tradicionais no coração do deserto".[59] Embora isso se aproxime da observação de Berndt de

---

59 Pamela McGrath e David Brooks, "Their Darkest Hour", op. cit., p. 132.

Fins atômicos

que os povos do deserto central não haviam desistido de seu "direito hereditário" à terra, e mesmo que tivessem sido removidos de uma porção significativa dela, o que fisgava os espectadores indígenas não era o passado ancestral, mas o obstinado presente ancestral. Eles comentaram e ficaram tocados com o modo como os corpos mostrados no filme registravam uma insistência constante de existência em um modo de pertencimento ancestral nas condições presentes desse pertencimento, isto é, o pertencimento ao lado de minas tóxicas, pastores assassinos e explosões atômicas.

A necessidade de sobrevivência no liberalismo tóxico não se restringia à Austrália. A mesma racionalidade técnica que Arendt denunciou em *A condição humana* foi crucial para as guerras na Europa e nas colônias europeias. Em *War and Nature*, Edmund Russell explorou os discursos e imaginários políticos racistas que fundamentaram o desenrolar da guerra química. Longe de dissuadir Estados e indústrias de desenvolver substâncias mais letais, as atrocidades da Primeira Guerra Mundial apontaram o poder da química industrial aos governos do pós-guerra, suscitando novas linguagens de racismo e guerra. As colônias se tornaram a linha de frente da guerra química. Jeffry Halverson e Nathaniel Greenberg comentam:

> O poder colonial europeu distinguia entre os tratamentos adequados aos conterrâneos europeus e aos sujeitos coloniais que resistiam à hegemonia europeia. Os ingleses (com pleno conhecimento dos franceses) não hesitaram em conduzir secretamente terríveis bombardeios aéreos e guerras químicas contra homens, mulheres e crianças no Marrocos. Na fronteira noroeste da Índia inglesa e no Iraque, os ingleses já estavam utilizando armas químicas (fosgênio e gás mostarda) contra os afegãos e os árabes.[60]

---

60 Jeffry R. Halverson e Nathaniel Greenberg, *Islamists of the Maghreb*. London: Routledge, 2017, p. 41.

Os autores citam Winston Churchill, que declarou: "Sou irremediavelmente favorável à utilização de gás venenoso contra tribos incivilizadas".[61] A transferência de tecnologias atômicas e nucleares durante e após a Segunda Guerra Mundial entre a Alemanha e os Estados Unidos apenas deslocou a topologia do domínio tóxico e, com ela, a localização hegemônica do poder colonial e neocolonial da Europa para os Estados Unidos.[62]

Pode ser útil retornarmos ao filme *Sereias*, embora tenha sido realizado quase sessenta anos após a controvérsia da Serra Warburton e se passe num futuro próximo e não no passado histórico. Apesar disso, as versões com um e com dois canais de áudio vão direto ao âmago do que McGrath e Brooks mostram. Uma sereia diz ao seu protegido que as sereias não podem ser mais como eram, ainda que permaneçam sereias. Em outras palavras, o colapso do desencanto do Ocidente com a tecnociência racional e suas excrescências tóxicas não trouxe as sereias de volta – elas nunca foram embora. Elas nunca desapareceram sob o cerco do moderno. As sereias continuam transportando seus rebentos a seus destinos mesmo que as especificidades de seus destinos sejam alteradas pelas ações tóxicas do colonialismo e do industrialismo – e suas extrações de valor. Essas sereias e seus novos pupilos são apenas parte de um segmento maior de existência que nunca se encantou ou se desencantou, mas lutou para preservar e perdurar em uma topografia constantemente cambiante de racismo tóxico e colonialismo de ocupação. Mesmo que Aiden ou Trevor libertem as moscas, expulsando todos os seres humanos, o Sonhar permaneceria no além-mundo.

Não era isso que Arendt via quando olhava para os Estados Unidos e a Austrália da perspectiva da história colonial ou de relatos

---

61 Ibid.
62 Ver Patrick Wolfe, *Traces of History Elementary Structures of Race*. London: Verso, 2016; e Daniel Immerwahr, *How to Hide an Empire: A History of the Greater United States*. New York: Farrar, Straus and Giroux, 2019.

Fins atômicos

inteiros, parciais ou inexistentes de mundos indígenas contemporâneos. Ela simplesmente os via como pobres de mundo. Refletindo sobre o uso que Arendt faz dessa frase, Johanna C. Luttrel observa que inúmeros eventos podem colocar um grupo na categoria de pobres de mundo. O empobrecimento global, por exemplo, alienou diversas populações de suas terras e mundos.[63] Grayden viu exatamente esse tipo de alienação de mundo e terra quando encontrou os Wongi, Pitjantjatjara, Anangu e Ngaanyatjarra. Mas desconfio que não era a isso que Arendt se referia quando defendia que os povos indígenas nas Américas e na Austrália não tinham história ou cultura próprias. Ela queria dizer que eles nunca tiveram um mundo a perder; que eles não haviam nem mesmo se separado de outros seres vivos e não vivos, muito menos desenvolvido duas das três condições necessárias para serem considerados seres humanos – a construção de abrigos duradouros (*Homo faber*) para a ação humana (*zoon activon*). Eles demonstravam um tipo de fala e uma forma de ação que se orientava simultaneamente para o mundo humano e o não humano, a *bíos, zoé* e *geos* como partições irrelevantes da existência. A "condição humana da pluralidade" para eles era que os seres humanos conviviam e habitavam múltiplas formas de mundialização [*worlding*] – ventos, pais, pântanos, primos, rochas e assim por diante.[64] Havia muita imortalidade, mas não do tipo tóxico, de produtos químicos e meias-vidas atômicas.

O entrelaçamento dos legados atômicos

Em uma entrevista mais para o fim de sua vida, Césaire esboçou uma visão alternativa ao humanismo que se fundamentava em um

---

63 Johanna C. Luttrell, "Alienation and Global Poverty: Arendt on the Loss of the World". *Philosophy and Social Criticism*, v. 41, n. 9, 2015.
64 H. Arendt, *A condição humana*, op. cit., p. 15.

laço que começa nas condições coloniais do Atlântico Negro e retorna ao potencial que elas oferecem para um novo tipo de imaginário político. "O universal", disse, "não é uma negação do particular, mas é alcançado por meio de uma investigação mais profunda do particular".[65] E continuava: "O Ocidente nos disse que, para sermos universais, precisávamos começar negando que éramos negros. Eu, ao contrário, disse a mim mesmo que, quanto mais negros fôssemos, mais universais seríamos".[66]

Outros acadêmicos citam reflexões similares de *Discurso sobre o colonialismo*. Ramón Grosfoguel aborda o encontro de Césaire com o universalismo abstrato que permeava a Europa, ao qual Césaire opunha sua própria perspectiva: "Minha ideia do universal é a de um universal rico com tudo aquilo que é particular, rico em particulares, o aprofundamento e a coexistência de todos os particulares".[67] Jane Hiddleston se apoiou no trabalho de Gary Wilder e Nick Nesbitt para se aproximar da obra de Césaire e compreender o aparente paradoxo entre "solidão e isolamento" de "Césaire, o homem e a Martinica conjurados em seus escritos" e sua "celebração expansiva e inacabada da mobilidade do homem negro e seu contato com o outro".[68] Esses estudiosos buscam entender a diferença entre o trans-humanismo, o humanismo pós-colonial e o pluriversalismo de Césaire e o humanismo colonial europeu.

Um objetivo muito similar norteia as Tanner Lectures de Paul Gilroy, apresentadas em 2014, um ano antes de Chakrabarty. Ne-

---

65 Annick Thebia Melsan, "The Liberating Power of Words: An Interview with Poet Aimé Césaire". *Journal of Pan African Studies*, v. 2, n. 4, 2008, p. 5. Disponível on-line.
66 Ibid.
67 Ramón Grosfoguel, "Decolonizing Western Uni-versalisms: Decolonial Pluri-versalism from Aimé Césaire to the Zapatistas". *Transmodernity*, v. 1, n. 3, 2012, p. 95.
68 Jane Hiddleston, "Aimé Césaire and Postcolonial Humanism". *Modern Language Review*, v. 105, n. 1, 2010, p. 88 e 90. Ver também Doris L. Garraway, "'What Is Mine': Césairean Negritude between the Particular and the Universal". *Research in African Literatures*, v. 41, n. 1, 2010.

Fins atômicos

las, Gilroy delineia uma proposta para uma nova economia moral trans-humana, ou "infra-humana", construída sobre uma rede transversal de lugares costurados diferencialmente uns aos outros pelos complexos entrelaçamentos do colonialismo, incluindo os estilos e as articulações variadas do colonialismo inglês, espanhol e francês. Ele começa não pela composição em abstrato da natureza humana, mas "pelo ponto no qual o ser humano se rompeu, pelo modo como ele foi qualificado, comprometido e descartado".[69] Somente compreendendo esses "entrelaçamentos extensivos" podemos ressuscitar uma "linhagem em grande medida esquecida", na qual "a relação contestada entre o propriamente humano e o infra-humano racializado se impõe".[70] Esse novo humanismo não será encontrado na forma revolucionária da pluralidade que emergiu da colonização das Américas e da Austrália, nem na inevitabilidade da fundação violenta do novo. Esses humanismos, Gilroy argumenta, detonaram um padrão duplo de lei e paz, de um lado, e guerra e violência, de outro, em que "a paz e a lei permaneceriam dentro de suas fronteiras [europeias] – que seriam traçadas continuamente em uma escala planetária –, ao passo que o caos e o conflito que Marx depois denominaria 'justiça selvagem' reinavam, catastroficamente, em seu exterior".[71] Contra esse *nomos*, as teorias do Atlântico Negro acerca do trans-humanismo são compostas de multidões de possibilidades alternativas à coletividade e solidariedade políticas. Em outras palavras, o projeto de Gilroy é resolutamente humanista, mas sua compreensão da condição humana emerge do mapeamento compreensivo da "administração colonial e do ordenamento violento do poder e do espaço que ela necessitou para arranjos comerciais, militares e jurídicos", centrais para o obscurecimento e a mistificação de "hu-

---

69 Paul Gilroy, *O Atlântico negro*, op. cit., p. 22.
70 Ibid., p. 23.
71 Ibid., p. 32.

manidade das pessoas que haviam sido subordinadas, expropriadas e escravizadas".[72]

À luz desse ordenamento violento, Gilroy se envolveu criticamente com algumas vertentes do pós-humanismo, especialmente com aquelas que afirmam estar engajadas em políticas progressivas de críticas da raça. Apoiando-se na ideia de Donna Haraway de que "há libertação na possibilidade de seres humanos reconhecerem a si mesmos como uma 'criatura' entre muitas outras",[73] ele lembra aos leitores e leitoras que "as experiências do escravizado, do negro e do indígena impuseram a associação com o animal".[74] Entre os despossuídos coloniais, ele argumenta, "as possibilidades de liberdade e solidariedade lançadas pelo processo de 'devir animal' são menos interessantes precisamente porque eles já são quase inteiramente animais".[75]

Evidentemente, muitas teorias indígenas não separam mundos humanos e mais-que-humanos dessa mesma forma. Por exemplo, a descrição que Aileen Moreton-Robinson faz do modo ontológico original de pertencimento à terra, dela e de outros indígenas, e o modo de existência não humano na terra e em função dela.[76] Similarmente, Glen Coulthard argumenta em *Red Skin, White Masks* [Pele vermelha, máscaras brancas] que a alienação contra a qual os indígenas lutam surge da pressão incansável para serem absorvidos pela alienação ocidental em relação a outros seres mais-que-humanos. As lutas indígenas contra o imperialismo capitalista são mais bem compreendidas como lutas orientadas para a questão da terra – "lutas não apenas pela terra, mas profundamente amparadas pela terra como modo de relação recíproca (que, por sua vez, é ampa-

---

72 Ibid., p. 23.
73 Ibid., p. 36.
74 Ibid., p. 37.
75 Ibid., pp. 36-37.
76 Aileen Moreton-Robinson, *The White Possessive: Property, Power, and Indigenous Sovereignty*. Minneapolis: University of Minnesota Press, 2015.

Fins atômicos

rada por práticas baseadas no lugar e em formas de conhecimento associadas), que deve nos ensinar a viver nossa vida em relação com os outros e com os arredores de maneira respeitosa, não dominante e não extrativista".[77] Antes de Coulthard era Vine Deloria Jr. A despossessão originária de povos indígenas e nativos não é, portanto, de terra enquanto solo inerte; ao contrário, as "relações sociais frequentemente não são baseadas exclusivamente em princípios de igualdade, mas também na reciprocidade profunda entre pessoas e com o mundo outro-que-humano".[78] É isso que Rex Edmunds aponta quando critica as políticas de reconhecimento como sendo primeiramente um meio de dividir e colocar os indígenas uns contra os outros. É também o que Barbara Glowczewski busca demonstrar em sua junção da ecosofia guattariana com as ontologias indígenas australianas.[79]

Em vez de dizer que Gilroy está certo ou errado, é mais produtivo ver sua crítica como expressão da necessidade de discursos, perspectivas, táticas e manobras diferentes, dependendo de onde e como se dá o entrelaçamento com a ordem violenta da existência geontológica, um entrelaçamento que começou no período colonial e continua ainda hoje. Talvez Gilroy esteja indicando que a questão não é devir ou não devir uma criatura, mas recusar-se a se tornar uma criatura geontológica – recusando-se a entrar nas nomenclaturas, patentes e ordens das epistemologias ocidentais e das ontologias da não vida e da vida. Os seres humanos não são rebaixados a animais, raios, serras, rios ou plantas quando recusam a governança violenta do geontopoder. Esse rebaixamento era parte obrigatória da invasão epistemológica colonial, parte obrigatória da

---

77 Coulthard, *Red Skin, White Masks: Rejecting the Colonial Politics of Recognition*. Minneapolis: University of Minnesota Press, 2014, p. 60.
78 Id., "The Colonialism of the Present: An Interview with Glen Coulthard". *Jacobin*, n. 1, 2015. Disponível on-line.
79 B. Glowczewski, *Indigenising Anthropology with Guattari and Deleuze*. Edinburgh: Edinburgh University Press, 2019.

renovação capitalista da relação entre seres humanos, entre seres humanos e criaturas, entre vida e não vida. E foi exatamente o ordenamento ontoepistemológico que possibilitou que Arendt situasse povos indígenas fora da pluralidade da condição humana. Em outras palavras, esse rebaixamento de alguns seres humanos a animais dependia da imposição de um imaginário geontológico em que os animais e o mundo geológico já haviam sido rebaixados. Uma vez que a divisão entre vida e não vida e a hierarquia da vida baseada nessa divisão estavam consolidadas, inúmeros seres humanos poderiam ser assimilados mais a animais ou rochas. Escute as sereias e os entes que elas encontram em suas viagens. O problema não é se elas são humanas ou não humanas, mas qual condição humana é imposta a elas. As tensões entre as colônias e o *nomos* expandem seu alcance ao presente, atribuindo desafios contemporâneos àqueles que buscam novas formas de solidariedade no mundo em processo de decolonização.

Fins atômicos

4.

Fins tóxicos

A biosfera e a esfera colonial

Bíos, a fera

Se a ameaça da aniquilação atômica emoldurou as reflexões de Arendt sobre a condição humana no fim dos anos 1950, uma fotografia tirada em 1968 pelo astronauta estadunidense William Anders que mostrava a terra azul-esverdeada nascendo no horizonte cinzento da Lua fez surgir uma nova preocupação com a extinção humana. *Primavera silenciosa*, sucesso de vendas lançado em 1962 por Rachel Carson, apresentou ao público leitor não a detonação maciça da aniquilação atômica, mas a implosão silenciosa da vida causada por toxinas e pesticidas industriais. Ao mesmo tempo, o filósofo norueguês Arne Naess desenvolvia o conceito de ecologia profunda para mostrar que os seres humanos dependiam desses ecossistemas globais.[1] Os seres humanos precisavam parar de se preocupar apenas com a sua própria existência e começar a se importar com os vastos mundos da vida não humana que estavam desaparecendo. Mesmo que os seres humanos se importassem

---

1 Rachel Carson, *Primavera silenciosa*, trad. Claudia Sant'Anna Martins. São Paulo: Gaia, 2010. Ver também James E. McWilliams, *American Pests: The Losing War on Insects from Colonial Times to DDT*. New York: Columbia University Press, 2008.

apenas com outros seres humanos, argumentava Carson, eles precisavam focar nos pesticidas e nas toxinas industriais que estavam destruindo a rede ambiental da qual dependia a condição humana. Muitos se juntaram a Carson e Naess. O antropólogo Gregory Bateson escreveu *Por uma ecologia da mente* e argumentou que não apenas os seres humanos eram imanentes e dependentes de uma ecologia mais ampla da vida na terra, mas suas mentes, por muito tempo consideradas separadas da natureza, eram parte da mente mais ampla da natureza.

De maneiras diferentes, esses estudiosos e escritores repudiavam a ideia de que o *Homo sapiens sapiens* é um animal moral e socialmente superior e o valor de todas as outras formas de existência é atrelado a ele. Lá pelos anos 1960, tal atitude não era meramente preconceituosa: tratava-se de uma inclinação mortal. Palavras antigas, como *biocídio*, ganharam novos sentidos. Os conceitos de especismo e biosfera juntaram-se a uma série de outros "-ismos" que emergiam dos inúmeros movimentos sociais que discutiam essa nova consciência. O botânico e bioeticista estadunidense Arthur Galston, por exemplo, introduziu o termo *ecocídio* em uma conferência sobre a guerra e a responsabilidade nacional em Washington (D.C.), em 1970, denunciando o impacto ambiental do Agente Laranja na paisagem vietnamita.[2] Apenas dois anos depois da fotografia do planeta azul e oito anos após a publicação de *Primavera silenciosa*, mais de um milhão de pessoas nos Estados Unidos participaram do primeiro Dia da Terra. As celebrações foram acompanhadas de inúmeras legislações federais – a Lei de Ar Limpo (1970) e a criação da Agência de Proteção Ambiental, a Lei de Água Limpa (1972) e a Lei das Espécies Ameaçadas (1973). A Europa criou o Programa de Ação

---

2 Ver David Zierler, *The Invention of Ecocide: Agent Orange, Vietnam, and the Scientists Who Changed the Way We Think about the Environment*. Atenas: University of Georgia Press, 2011; e Hannah M. Martin, "'Defoliating the World': Ecocide, Visual Evidence and 'Earth Memory'". *Third Text*, n. 32, n. 2-3, 2018.

Ambiental, em 1972, e no mesmo ano o Clube de Roma publicou *Os limites do crescimento*.

Arendt, Bateson, Carson: esses três pensadores consideraram as convergências e divergências de um conjunto de embates discursivos no Ocidente que diziam respeito à maneira de situar os seres humanos em sua existência terrestre enquanto a extinção humana se anunciava no horizonte. Todos concordavam que os seres humanos estavam irremediavelmente vinculados à terra. Enquanto Bateson, Carson e Naess buscavam colocar os seres humanos no mesmo nível e na mesma rede de existência da vida não humana, Arendt tentava desesperadamente desvincular o mundo humano de suas condições biopolíticas. De fato, no fim de sua vida, ela tentou complementar sua discussão sobre a *vita activa* em *A condição humana* com a *vita contemplativa*, publicada postumamente com o título *A vida do espírito*. Ela lutava uma guerra já perdida. Quando sua amiga Mary McCarthy editou seu manuscrito inacabado no fim dos anos 1970, a mente já havia se dissolvido no conceito mais geral da biosfera e uma nova ciência cibernética ameaçava se separar de uma vez por todas da materialidade orgânica. Os anos 1970 foram a aurora da Era de Aquário e do ciborgue. Arendt viveu o suficiente para contemplar como a esfera privada havia devorado a esfera pública e como a mente cibernética devoraria a mente humana.

Certamente deveríamos aplaudir Bateson, Carson, Naess e outros por tentarem alertar as classes abastadas e adormecidas para a presença de produtos químicos carcinogênicos em sua cozinha e para o desastre ambiental mais amplo do capitalismo de extração e consumo. Mas, se quisermos entender por que seus esforços são a pré-história da emergência dos quatro axiomas da existência, precisamos compreender como o ritmo da citação e da recusa colonial que vimos na diferença entre Arendt e Césaire se repete na nova ecologia da mente que estava surgindo nos anos 1960-70. Como o capítulo anterior, este capítulo está estruturado em torno de duas telas históricas diferentes: a ansiedade de uma catástrofe por vir e as analíticas de uma catástrofe ancestral. Primeiramente, discuto como determinados povos indígenas e Primeiras Nações compreendiam a relação entre a mente humana e a não humana diante das sucessivas investidas da lei colonial e do capital no fim dos anos 1960 e no começo dos anos 1970. Em seguida, abordo o modo como Bateson compreendeu a ecologia da mente durante o mesmo período.

No decorrer deste capítulo, teóricos críticos das Primeiras Nações, dos nativos americanos e dos povos indígenas se referirão a diferenças ontológicas e metafísicas entre as éticas da relacionalidade que eles praticam e a política de transtorno possessivo dos colonos. A referência a esses trabalhos pode parecer contraditória com o objetivo mais amplo deste livro: desalojar a tendência crítica de retorno às primeiras condições. Prefiro não utilizar o termo ontologia e não vejo motivo para que todos os povos tenham de provar que eles também possuem o que a Europa Ocidental elevou à sua forma mais pura de autorreflexividade existencial. Por isso utilizo um termo que soa um pouco estranho: "analíticas da existência". Mas também não considero que os pensadores indígenas que cito utilizam a ontologia de maneira equivalente ao uso e função dela nas genealogias ocidentais. Ao contrário, o que espero mostrar é que, embora o mundo seja o mesmo, o conteúdo e o uso da ontologia nas teorias críticas indígenas são irredutivelmente históricos e materialmente relacionais. Esse é um ponto sobre o qual a antropóloga métis Zoe Todd é bastante enfática, argumentando que ontologia é apenas outra palavra para colonialismo.[3] A ontologia não se refere às condições fora da história e fora de seus entrelaçamentos materiais, mas sim a um conjunto de atividades de sobrevivência diante da atividade contínua do poder colonial.

---

3 Zoe Todd, "An Indigenous Feminist's Take on the Ontological Turn: 'Ontology' Is Just Another Word for Colonialism". *Journal of Historical Sociology*, v. 29, n. 1 2016.

Fins tóxicos

A mente colonial

No fim de março de 1974, o juiz Thomas Berger abriu um inquérito sobre os impactos econômicos, ambientais e sociais de um projeto de gasoduto que passaria pelo Vale Mackenzie e pela região do Yukon, ligando os ricos campos de petróleo e gás do Alasca aos Estados Unidos continental. Berger não teria sido escolhido para comandar o inquérito, se dependesse dos interesses comerciais e do Estado conservador. Ele era conhecido por seu interesse pela justiça social e ambiental e havia sido o líder do Novo Partido Democrata da Colúmbia Britânica. A preocupação dos conservadores com Berger era justificada. Ele adotou uma abordagem militante no inquérito, viajando por todos os Territórios do Noroeste e consultando os povos Inuvialuit, Gwich'in, Dene, Cree e Métis. Ele permitiu que os povos das Primeiras Nações apresentassem testemunhos qualificados, ao contrário do que se esperava: mediação interpretativa de antropólogos, historiadores e arqueólogos. Ao fim, Berger relatou que os danos sociais e ambientais do gasoduto superavam qualquer benefício econômico compensatório que fosse oferecido aos povos indígenas locais.[4]

O povo Dene já estava se organizando contra o gasoduto quando Berger chegou. O gasoduto Mackenzie não era a primeira nem a última vez que o capital extrativista e logístico tentava avassalar suas terras. Alguns dene lembraram que a mineração industrial e os rejeitos tóxicos nos anos 1930 e 1940 despertaram a consciência e necessidade de realizar protestos organizados. Durante esse período, empresas de mineração "contratavam nativos locais para realizar trabalho não qualificado na área e na rota de transporte do minério",

---

4 Thomas R. Berger, *Northern Frontier, Northern Homeland: The Report of the Mackenzie Valley Pipeline Inquiry*. Ottawa: Minister of Supply and Services, 1977.

sem equipamento de proteção.[5] Minério de urânio era carregado e descarregado "em sacos de estopa para ser transportado em balsas pelas vias navegáveis do Norte até um terminal férreo em Alberta" e "rejeitos radioativos" eram despejados "diretamente no Grande Lago do Escravo, em lagoas e na terra perto de Port Radium".[6]

A experiência dos Sahtu Dene foi apenas parte das lutas mais abrangentes das Primeiras Nações contra a toxicidade do capitalismo extrativista nos Territórios do Noroeste. Os anos 1950 e 1960 também assistiram a uma nova expansão da mineração, à medida que empresas começaram a explorar chumbo, zinco e níquel no Yukon e na enseada Rankin.[7] O minério não era o único valor que os colonos tentaram extrair dos Dene e outros das Primeiras Nações; os gover-

---

5 Arn Keeling e John Sandlos, "Environmental Justice Goes Underground? Historical Notes from Canada's Northern Mining Frontier". *Environmental Justice*, v. 2, n. 3, 2009, p. 117.

6 Ibid. Keeling e Sandlos observam que, "apesar do número relativamente pequeno e da ampla dispersão geográfica de áreas de desenvolvimento, a atividade de mineração industrial teve um impacto transformador na região". A mineração e outros tipos de extração nos anos 1950 "responderam por mais de 80% da produção econômica territorial" (ibid., p. 119).

7 Ver Luke W. Cole e Sheila R. Foster, *From the Ground Up*: *Environmental Racism and the Rise of the Environmental Justice Movement* (New York: New York University Press, 2001); Dorceta E. Taylor, *Toxic Communities: Environmental Racism, Industrial Pollution, and Residential Mobility* (New York: New York University Press, 2014); Donald A. Grinde e Bruce E. Johansen, *Ecocide of Native America*: *Environmental Destruction of Indian Lands and People* (Santa Fé: Clear Light, 1995); A. Keeling e J. Sandlos, "Environmental Justice Goes Underground?", op. cit.; Brett Clark, "The Indigenous Environmental Movement in the United States" (*Organization and Environment*, v. 15, n. 4, 2002); Doug Brugge e Rob Goble, "The History of Uranium Mining and the Navajo People" (*American Journal of Public Health*, v. 92, n. 9, 2002); Doug Brugge, Timothy Benally e Esther Yazzie-Lewis, *The Navajo People and Uranium Mining* (Albuquerque: University of New Mexico Press, 2006); Eric W. Mogren, *Warm Sands*: *Uranium Mill Tailings Policy in the Atomic West* (Albuquerque: University of New Mexico Press, 2002); Ian Peach e Don Hovdebo, *The Case for a Federal Role in Decommissioning and Reclaiming Abandoned Uranium Mines in Northern Saskatchewa* (Regina: Saskatchewan Institute of Public Policy, 2003);

Fins tóxicos

nos liberais fizeram intervenções severas nas famílias indígenas, afastando intencionalmente as crianças de sua língua e de sua terra. Como mostrou Margaux Kristjansson, mesmo que as formas de capital fossem distintas entre os interesses da mineração e as políticas sociais de remoção de crianças, ambos criaram o valor econômico que escoava das terras e dos corpos indígenas para a sociedade dos colonos.[8]

Nos capítulos 1 e 2 pudemos ver que o capitalismo liberal jamais controla plenamente os territórios ou os resultados de suas ações tóxicas. Nesse caso, em vez de romper o vínculo com sua terra natal, a geração de crianças dene que foram separadas à força de suas famílias e enviadas a internatos organizou-se vigorosamente contra os gasodutos nos anos 1970.[9] Esses homens e mulheres não apenas depuseram diante de Berger, como também esclareceram a relação entre a despossessão em curso dos colonos e a recusa persistente das Primeiras Nações de se deixar despossuir.

---

e Anna Stanley, "Citizenship and the Production of Landscape and Knowledge in Contemporary Canadian Nuclear Fuel Waste Management" (*Canadian Geographer*, n. 52, 2008).

8   Margaux L. Kristjansson, *The Wages of Care in Anishinaabe Aki*. Tese de doutorado, Columbia University, 2020. Para uma lógica similar sobre a saúde e o bem-estar no contexto australiano, ver Tess Lea, *Bureaucrats and Bleeding Hearts: Indigenous Health in Northern Australia* (Sydney: University of New South Wales Press, 2008).

9   O sistema de internato foi parte da política do Departamento Canadense de Assuntos Indígenas para apartar uma geração inteira de crianças indígenas de suas terras e conhecimentos ancestrais. As práticas sociais atrozes nessas escolas levaram à criação de uma Comissão da Verdade e da Reconciliação e, finalmente, a um pedido de desculpas realizado pelo primeiro-ministro Stephen Harper. Ver Shelley Goforth, "Aboriginal Healing Methods for Residential School Abuse and Intergenerational Effects: A Review of the Literature" (*Native Social Work Journal*, n. 6, 2007). Nos anos 1970, algumas dessas crianças deram início ao Indian Brotherhood of the Northwest Territories, que o historiador Paul Sabin diz ter sido inspirado "no Manitoba Indian Brotherhood que alguns líderes jovens visitaram em 1968". Paul Sabin, "Voices from the Hydrocarbon Frontier: Canada's Mackenzie Valley Pipeline (1974-1977)". *Environmental History Review*, v. 19, n. 1, 1995, p. 26.

O colonialismo não foi um evento que aconteceu, por isso a resistência nunca terminaria. Por exemplo, consideremos o depoimento de George Erasmus:

> Muitas vezes no passado fomos obrigados a nos adaptar a mudanças que estavam além do nosso controle. Por muitas décadas nossa terra foi usurpada sem a nossa permissão e sem compensação. Terras e recursos foram alienados e apropriados ilegalmente e nossa gente sofreu graves perturbações – sociais, econômicas e ambientais. As pressões atuais são ainda mais graves – e há um vasto potencial para maiores distúrbios –, mas agora cada vez mais gente nossa está dizendo "basta".[10]

O embate que Erasmus identifica lembra uma questão apontada no fim do capítulo 2. O liberalismo tardio de ocupação opera por mapeamento territorial, e um dos mapeamentos cruciais é a luta pela definição de existência e suas consequências éticas e políticas para o sentido das ações violentas contra esses existentes definidos de formas variadas. O que é a terra? – algumas pessoas podem dizer de maneira convincente que o gasoduto Mackenzie está *rasgando* os tecidos conectivos da existência humana e mais-que-humana, enquanto outras podem simplesmente entender que ele está movendo um produto *extraído* da terra. Não se trata de uma questão de relatividade ou natureza multiperspectivista das ontologias – a resposta *liberal tardia* segundo a qual "eles veem de um jeito e nós vemos de outro". Trata-se de saber como a descrição da existência de um ou outro modo dá sustentação a ações muito diferentes para a existência. Como observou William James, trata-se de "palavras portadoras de poder" (conceitos) "como programa para mais trabalho".[11] O tra-

---

10 Ibid., p. 28.
11 William James, *Pragmatism and Other Writings*. New York: Penguin Classics, 2000, p. 28.

balho conceitual e contestatório que foi apresentado a Berger era apenas parte de uma oposição indígena mais global ao capitalismo extrativista. A luta não era apenas para saber quem era dono da terra: ela girava em torno das analíticas da existência que tornavam válido o conceito de posse. Assim, em seus textos sobre "o possessivo branco", Aileen Moreton-Robinson tem feito um contraste entre a ontologia indígena de pertencimento original à terra e a violência racial e ambiental do colonialismo de ocupação que emerge das formas liberais de propriedade.[12] Em um movimento similar, Saidiya Hartman discute a transição de ser tratado como um objeto de propriedade para ser contemplado com o direito de possuir outras coisas e a si mesmo. Ela escreve sobre:

> a falência da Reconstrução, não apenas como uma questão de política ou como uma evidência de um compromisso frouxo com os direitos dos negros, ambas inegáveis, mas também em termos de limites da emancipação, do legado ambíguo do universalismo, das exclusões constitutivas do liberalismo e da culpabilidade do indivíduo liberto. Portanto, examino o papel dos direitos na mediação das relações de dominação, as novas formas de servidão permitidas por noções de propriedade do eu, e os esforços pedagógicos e legislativos destinados a transformar os previamente escravizados em indivíduos racionais, aquisitivos e responsáveis. Dessa perspectiva, a emancipação se parece menos com o grande evento da libertação do que com um ponto de transição entre modos de servidão e de sujeição racial.[13]

No contexto estadunidense, Vine Deloria Jr. articulou as condições metafísicas que estavam em jogo na luta contra o colonialismo de

---

12 Aileen Moreton-Robinson, *The White Possessive: Property, Power, and Indigenous Sovereignty*. Minneapolis: University of Minnesota Press, 2015.
13 Saidiya V. Hartman, *Scenes of Subjection: Terror, Slavery, and Self-Making in Nineteenth-Century America*. Oxford: Oxford University Press, 1997, p. 6.

ocupação. Em *God Is Red* [Deus é vermelho, 1973], Deloria descreve a tradição ocidental da revelação como consistindo em uma "comunicação aos seres humanos vinda de um plano divino, a disponibilização de informações e ideias quando a deidade percebe que os seres humanos atingiram a plenitude dos tempos e podem adquirir mais conhecimento sobre a natureza última do nosso mundo".[14] Já que a revelação é orientada para a natureza última da nossa existência, "a manifestação de uma deidade em uma situação local particular é confundida com uma verdade aplicável a todos os tempos e lugares".[15] Nada parecido com isso definiu o caminho que os nativos americanos tomaram em direção à revelação. Para eles "a revelação era compreendida como um processo contínuo de adaptação ao seu entorno natural e não como uma mensagem específica válida para todos os tempos e lugares".[16] A descrição de Deloria da revelação evoca um modo de existência em que a relacionalidade é contínua, não assume nem impõe uma forma de domínio sobre outras – seja mente, território ou segurança –, mesmo que a integridade de cada um esteja emaranhada na integridade do outro.

Muitos acadêmicos indígenas têm elaborado a reflexão poderosa de Deloria. Zoe Tood, por exemplo, investigou como o luto pelas perdas causadas pelo colonialismo se manifesta através das semelhanças e diferenças entre seus parentes métis e seus parentes peixes, após a Comissão Canadense da Verdade e Reconciliação sobre o Sistema Escolar Residencial Indígena. Percebemos o ajuste contínuo que Deloria qualifica de fundamental para a metafísica nativa – entre os "Paulatuuq, as pessoas refratam as leis e os princípios coloniais impostos à vida local negociando 'semelhanças e diferenças' muitas vezes contraditórias", o que inclui "ordens legais inivualuit

---

14 Vine Deloria Jr., *God Is Red: A Native View of Religion*. Golden: Fulcrum, 2003, p. 65.

15 Ibid.

16 Ibid., p. 66.

Fins tóxicos

que governam o respeito aos peixes" e "o enfrentamento dos sistemas legais coloniais do Estado canadense, que buscam controlar as relações de governança legais entre seres humanos, animais, terras e águas".[17] Mesmo na borda desse encontro existencial, a consciência do outro não é uma consciência acima do outro ou até mesmo sobre ele, mas um reconhecimento de que uma consciência individual é irredutivelmente condicionada pela forma e pela materialização do emaranhado da existência.

Glen Coulthard também cita Deloria e acrescenta ao argumento dele que "as diferenças mais significativas entre as metafísicas indígenas e ocidentais giram em torno da importância central da terra para os modos indígenas de existência, pensamento e ética".[18] Diz isso para explicar que o que é importante para os Dene é "a posição que a terra ocupa enquanto uma estrutura ontológica para a compreensão das relações", em vez simplesmente da "observação óbvia de que muitas sociedades indígenas possuem um forte vínculo com seus territórios".[19] Como Todd, Coulthard aponta para os modos de relacionalidade que emergem da luta contra a despossessão colonial e contra a ideia de que a mente da terra, dos seres humanos e mais-que-humanos ou são diferentes e, portanto, separadas uma das outras, ou são idênticas e, portanto, equivalentes. Para aprofundar a compreensão acerca dessa ontologia relacional, Coulthard menciona um evento que aconteceu

---

17 Zoe Todd, "Fish, Kin and Hope: Tending to Water Violations in amiskwaci-wâskahikan and Treaty Six Territory". *Afterall: A Journal of Art, Context and Enquiry*, n. 43, 2017, p. 139. Para uma compreensão das políticas do mundo humano e mais-que-humano entre os Kānaka Maoli, ver Candace Fujikane, *Mapping Abundance for a Planetary Future: Kanaka Maoli and Critical Settler Cartographies in Hawai'i*. Durham: Duke University Press, 2021.

18 Glen Coulthard, "From Wards of the State to Subjects of Recognition? Marx, Indigenous Peoples, and the Politics of Dispossession in Denendeh", in Audra Simpson e Andrea Smith (orgs.), *Theorizing Native Studies*. Durham: Duke University Press, 2014, pp. 69-70.

19 Ibid.

durante uma caça a alces realizada por Edward Blondin, irmão de George Blondin, do povo Sahtu Dene. Coulthard cita George Boldin, contando a história do irmão:

> Edward estava caçando perto de um riacho quando ouviu o grasnido de um corvo ao longe, à sua esquerda. Corvos não conseguem matar animais, então dependem de caçadores e lobos para obter comida. Voando alto pelos céus, eles veem animais que estão muito distantes para serem avistados por caçadores e lobos. Eles voam para atrair a atenção do caçador, grasnindo alto, e depois retornam para o lugar onde estão os animais. Edward parou e observou o corvo com cuidado. O pássaro fez duas viagens de ida e volta na mesma direção.
>
> Edward fez uma guinada rápida e caminhou na direção do corvo. Não havia rastros de alce, mas ele continuou seguindo o corvo. Quando chegou à encosta do rio e olhou para baixo, Edward viu dois grandes alces alimentando-se na margem. Ele os matou e esfolou e cobriu a carne com o couro.
>
> Antes de ir embora, Edward deixou um pedaço generoso de carne separado na neve para o corvo. Ele sabia que, sem o pássaro, não teria conseguido nenhuma carne naquele dia.[20]

Coulthard identifica nessa história duas formas de recusa relacionadas às teorias indígenas de soberania. Em primeiro lugar, Blondin recusa a escolha entre retratar como completamente diferentes (incomensuráveis, intraduzíveis) ou idênticas (comensuráveis e passivas de divisão sem resto) a mente e os interesses do ser humano e do ser mais-que-humano – o corvo, nesse caso. Em segundo lugar, e em relação com o anterior, Blondin recusa a escolha entre elevar a soberania humana acima de todas as outras formas de existência, vivas

---

20 Id., "Place against Empire: Understanding Anti-colonialism". *Affinities: A Journal of Radical Theory, Culture, and Action*, v. 4, n. 2, 2010, p. 80.

Fins tóxicos

ou não vivas, e anular a soberania indígena sobre a terra. As analíticas da existência que Blondin e Coulthard propõem são aquelas em que Edward e o corvo possuem agência e consciência mutuamente orientadas e, ao mesmo tempo, independentes. Compreender o que o corvo precisa não se restringe ao que Edward precisa do corvo, mas àquilo que o corvo precisa sem referência a Edward ou a qualquer ser humano.

As necessidades de outras regiões e formas de existência, desvinculadas das necessidades humanas, foram cruciais nas audiências de Berger quando se perguntou por que os Dene se importam com terras que eles raramente habitavam e raramente visitavam. A resposta era que essas terras eram necessárias para as manadas de caribus. Para que os Dene permanecessem no lugar deles, os caribus também precisavam permanecer ali. Essa compreensão da relacionalidade reconhece as complexidades das ontologias relacionais – nas quais nem todas as formas de existência precisam do mesmo tipo de coisa e, ainda assim, sem a presença uma da outra, nenhuma das duas poderia se manter como está; ambas se transformariam de modos que nenhuma deseja. Paul Nadasdy aponta algo parecido em uma história dos anos 1970 sobre a avó de Joe Johnson, então chefe eleito da Primeira Nação Kluane (KFN). Acompanhado pela avó, Johnson "estava na mata inspecionando um pedaço de terra que a KFN estava considerando incorporar" como parte de um futuro pleito. Confusa, ela perguntou o que ele estava fazendo. Ele respondeu que estava trabalhando e ela retrucou: "Como assim, 'trabalhando'!? Você só está andando para lá e para cá com um mapa". Quando Johnson tentou explicar como funcionavam os pleitos fundiários, "ela ficou chateada... que ele estava tentando descobrir qual terra pertencia aos indígenas e qual terra pertencia aos brancos".

Ela disse que era uma insanidade fazer aquilo, porque ninguém é dono da terra – nem homens brancos nem indígenas. A terra está lá; nós nos movemos nela; morremos nela. Como alguém pode ser dona dela? Ela disse que achava que "pleitos fundiários" significavam que o governo e as pessoas nativas estavam se juntando para tentar pensar maneiras de manter a terra e os animais seguros para seus netos e bisnetos.[21]

A ênfase desses exemplos na necessidade de que cada forma e modo de existência criem espaço para os demais, mesmo quando muitos querem comer os outros, sublinha e torna evidente a profunda alienação do pensamento europeu, central no conceito de *terra nullius*, em relação à riqueza da existência. Ao insistir que, para permanecer em um lugar, é fundamental cuidar da necessidade dos outros de ter um lugar também, há um contraste com as duas formas dominantes pelas quais o estado colonial de ocupação representa as relações indígenas com a terra: ou sem relação nenhuma (*terra nullius*), ou com práticas proprietárias humanocêntricas que podem, em última instância, ser traduzidas nos termos do Estado. Em ambos os casos, como observou Deloria, os europeus afirmaram não apenas a superioridade histórico-mundial de sua verdade, mas que sua verdade era "uma verdade aplicável a todos os tempos e lugares".[22] Quando se tratava das relações humanas com a terra, a verdade colonial insistia que a soberania dependia de os seres humanos terem uma densidade populacional específica em um lugar e terem a intenção de impor sua superioridade divina sobre todas as outras formas de existência naquele lugar. A ausência de seres humanos e de intenção humana (dominação) era sinal de desperdício econômico e abominação divina.[23] Por isso a confusão dos advogados nas audiências

---

21 Paul Nadasdy, "'Property' and Aboriginal Land Claims in the Canadian Subarctic: Some Theoretical Considerations". *American Anthropologist*, v. 104, n. 1, 2002, p. 247.
22 Vine Deloria Jr., *God Is Red*, op. cit., p. 65.
23 Para as diferentes histórias da aplicação do conceito de *terra nullius* nas Américas e na Austrália, ver Banner, "Why Terra Nullius? Anthropology and Property Law in Early Australia". *Law and History Review*, v. 23, n. 1, 2005, pp. 95-131.

Fins tóxicos

do caso do Vale Mackenzie diante da importância que os Dene atribuem a terras que eles raramente ou mal visitavam.

Nos anos 1970, houve enfrentamento entre as analíticas da existência indígenas e as coloniais em todo o Pacífico. Enquanto Berger conduzia seu inquérito no Canadá, Edward Woodward, na Austrália, sentou-se com ancestrais dos Karrabing no Assentamento Delissaville (renomeado posteriormente Belyuen). Como no inquérito Berger, a Comissão Real Woodward se desenrolou no contexto de um *boom* na produção de minérios e hidrocarbonetos. Lugares considerados desolados do ponto de vista do capitalismo agrícola e pastoril revelaram vastos depósitos de riqueza mineral e carbônica para o capitalismo extrativista. Enquanto o *boom* da mineração de urânio gerava um debate nacional sobre a participação ou não da Austrália, outros minérios se tornaram a base da riqueza e do bem-estar dos colonos australianos.[24]

Em 1968, dentro desse contexto mais amplo, os Yolngu questionaram legalmente os planos da Nabalco, uma gigante da mineração, para começar a extrair bauxita de suas terras. Como no Canadá, essa atitude não surgiu do nada; os Yolgnu começaram a se organizar contra a mina assim que o governo federal fez uma concessão de doze anos à Nabalco que recortava a Reserva Aborígene Arnhem Land.[25] O caso foi parar na Suprema Corte do Território do Norte. Em 27 de abril de 1971, o juiz Richard Blackburn determinou que os direitos e as relações que os povos indígenas mantinham com suas terras não eram leis e relações de propriedade e, mesmo que fossem, teriam sido invalidadas pela declaração da Austrália como *terra nullius* pela Coroa no momento da colonização. Blackburn não

---

24 Para um breve resumo da história da mineração de urânio na Austrália, ver Keri Phillips, "The Long and Controversial History of Uranium Mining in Australia". *Rear Vision*, 14 jul. 2015. Disponível on-line.

25 Ver Nancy M. Williams, *The Yolngu and Their Land: A System of Land Tenure and a Fight for Its Recognition*. Canberra: Aias, 1986.

duvidava da profunda afinidade dos Yolngu com suas terras. Ele argumentava, no entanto, que eles conformavam uma comunidade de lei e não de homens. Eram regidos por crenças e costumes espirituais que não incluíam o conceito de propriedade. Na opinião de Blackburn, a propriedade dependia da ideia de que uma pessoa tinha (ou poderia ter) poder primário sobre outra pessoa ou coisa e de que ela tinha o poder de impedir outras pessoas de utilizá-la. Os Yolgnu, por sua vez, não se colocavam acima da existência.

Independentemente de sua cumplicidade técnica com a lei dos colonos, o raciocínio legal de Blackburn, vindo depois da controvérsia da Serra Warburton, discutida no capítulo 3, e da greve largamente publicizada de indígenas em Wave Hill, em 1966, espalhou o cheiro fétido da injustiça entre as comunidades jurídicas e públicas liberais. Para dispersar esse odor, o governo Whitlam encarregou Woodward de liderar um inquérito sobre "os meios apropriados para reconhecer e estabelecer as leis e os interesses tradicionais dos aborígenes em suas terras e em relação a elas, e para satisfazer de outras maneiras as aspirações razoáveis dos aborígenes a leis em suas terras ou em relação a elas".[26]

Woodward produziu dois relatórios, o primeiro em julho de 1973 e o segundo em abril de 1974. Entre essas datas ele visitou o Conselho de Pesquisa em Ciências Sociais do Canadá e participou de um simpósio sobre o uso público da terra no fim de outubro de 1973. Em seu relatório de 1974, anotou que discutiu "questões do direito indígena à terra com inúmeros membros do governo, advogados e líderes indígenas de diversas partes do Canadá".[27] Também registrou que viajou aos Estados Unidos e conversou "com membros do Escritório para Assuntos Indígenas e com outras pessoas

---

26 Aboriginal Land Rights Commission, *1973 Report*. Canberra: Australian Government Publishing Service, 1973, p. iii.

27 Aboriginal Land Rights Commission, *1974 Report*. Canberra: Australian Government Publishing Service, 1974, pp. 5-6.

Fins tóxicos

em Washington, D.C.".[28] Seus esforços para trazer o direito à terra dos indígenas australianos para o cenário internacional foram complementados por seu consultor antropológico, Nicholas Peterson, doutor em antropologia social recém-formado pela Universidade de Sydney e que havia estudado a organização social yolngu em sua tese. Portanto, quaisquer que fossem os resultados das conversas locais com anciãos indígenas, o Relatório Woodward seria direcionado para uma conversa internacional sobre os direitos indígenas à terra.

Em seu primeiro relatório, Woodward identifica duas questões com as quais se deparou. A primeira era a necessidade de resolver quais terras pertenciam a quais grupos indígenas. Woodward observa que percebeu rapidamente que essa tarefa era "desnecessária". "Eles sabem quais aborígenes detêm qual pedaço de terra de acordo com a Lei Aborígene, e se ele é parte de uma reserva aborígene ou de uma fazenda de gado".[29] A segunda questão era a complexidade das organizações sociais indígenas em suas relações com a terra. Essa questão colocava o dilema, ou o desconforto, de imputar conceitos de propriedade a qualquer coisa, mesmo em relação a ritos religiosos. É possível dizer "um clã é dono de ritos religiosos", observa Woodward, mas os ritos "não poderiam ocorrer sem a assistência dos organizadores, cuja tarefa essencial era preparar a parafernália ritual, enfeitar os celebrantes e conduzir o rito".[30] Para que a importância desses organizadores não fosse reduzida a um serviço contratado, Woodward observa que a "concordância dos organizadores precisava ser assegurada para a exploração de recursos locais especializados, como depósitos de ocre e sílex, e para visitas *dos donos dos clãs aos seus próprios locais sagrados*".[31] Que relevância

---

28 Ibid., p. 6.
29 Aboriginal Land Rights Commission, *1973 Report*, op. cit., p. 2.
30 Ibid., p. 5.
31 Ibid., p. 5; grifos meus. Ver também Schaap, "The Absurd Logic of Aboriginal Sovereignty", in A. Schaap (org.), *Law and Agonistic Politics*. Farnham: Ashgate, 2009.

as noções ocidentais de posse [*ownership*] e soberania tinham nesse sistema? Mesmo os antropólogos consultores de Woodward não estavam de acordo entre si em relação à "natureza exata da relação entre organizações aborígenes para a posse e o uso da terra."[32]

Delissaville foi um dos assentamentos que Woodward visitou durante suas investigações. Nas notas tomadas durante o encontro com os anciãos, é possível perceber que os ancestrais dos Karrabing certamente demonstraram confiança no que diz respeito ao modo como se relacionavam com as diversas terras e como imaginavam ser a maneira apropriada de cuidar delas. Eles sabiam onde ficavam suas terras tradicionais e tinham opiniões fortes acerca de quem deveria ser reconhecido como detentor da terra sob disputa. Anciãos de cinco grupos linguísticos diferentes e de mais de dez grupos *durlg* (totêmicos) contaram a Woodward que todos os grupos deveriam ser donos da península, um sentimento que mais tarde eles compartilharam com os antropólogos Maria Brandl e Michael Walsh.[33] O argumento não era apenas que essas terras haviam sido sempre utilizadas por todos os grupos em Delissaville, mas que os novos rituais enraizados no *presente ancestral* da terra para trans-

---

32 Aboriginal Land Rights Commission, *1974 Report*, p. 142. Woodward destaca um debate antropológico sobre a relação entre o clã e a horda, exemplificada pela compreensão de A. P. Elkins sobre as relações ancestrais dinâmicas que os ancestrais dos Karrabing possuíam com suas terras em oposição ao estrito laço de descendência social. Ver A. P. Elkin, "The Complexity of Social Organization in Arnhem Land" (*Southwestern Journal of Anthropology*, v. 6, n. 1, 1950) e "Ngirawat, or the Sharing of Names in the Wagaitj Tribe, Northern Australia" (in *Beiträge zur Gesellungs- und Völkerwissenschaft*. Berlin: Gebr. Mann, 1950). Ver também o resumo de L. R. Hiatt acerca dos debates em "Local Organization among the Australian Aborigines". *Oceania*, v. 32, n. 4, 1962.

33 Ver E. A. Povinelli, *Belyuen Traditional Aboriginal Owners (Kenbi Land Claim)*. Darwin: Northern Land Council, 1996; Maria Brandl, Adrienne Haritos e Michael Walsh, *Kenbi Land Claim*. Darwin: Northern Land Council, 1979.

Fins tóxicos

formar deslocamento humano em pertencimento obrigado expressavam agora os desejos ancestrais do território.[34]

Em ampla concordância com a compreensão de Deloria sobre as abordagens da revelação pelos indígenas nos Estados Unidos, os Karrabing descendentes dos homens e das mulheres que falaram com Woodward entendem que a razão desse desejo de partilhar a terra se baseia na relação dinâmica – entre os seres humanos e o mundo mais-que-humano – que jaz na estrutura de seu presente ancestral. Em termos concretos isso significa que os Karrabing sabem onde estão muitos dos seres ancestrais. Como sugere minha discussão prévia sobre o totem mudi de Rex Edmunds – e isso é igualmente importante –, eles conhecem as interações ancestrais que levaram os seres ancestrais a estar onde estão, na forma que estão e em relação específica entre si. Linda Yarrowin, do povo Karrabing, descreve esse modo de independência interdependente ("separado-separado e conectado") como a base das analíticas de existência karrabing.[35]

Situados por uma série de ações ancestrais, esses seres totêmicos não são inertes, não estão confinados ao pretérito mais-que-perfeito. Eles podem se mover em resposta aos movimentos do mundo humano e mais-que-humano. Os Karrabing sabem que o totem da família apoiado nas rochas do manguezal está se deslocando lentamente para o mar, revelando que sente que seus parentes humanos não estão mais cuidando dele. Totens situados à distância aparecerão em novos lugares – um totem de serpente marinha de uma região se revelou sob a forma de uma caixa torácica petrificada para as mulheres que estavam catando moluscos num recife de outra região. Isso foi interpretado como um sinal de que a região estava aceitando

---

34 Para uma discussão mais robusta, ver "Poetics of Ghosts" em E. A. Povinelli, *The Cunning of Recognition: Indigenous Alterity and the Making of Australian Multiculturalism*. Durham: Duke University Press, 2002.

35 Karrabing Film Collective, *The Riot*. Karrabing Indigenous Corporation, 2017.

uma família humana com o mesmo totem que havia sido internado à força no Assentamento Delissaville. Os ancestrais também podem modificar a forma ou a saúde do corpo humano. Por exemplo, Edmunds contou que se ele flechar muito um Mudi ou muito próximo do seu totem mudi, ele pode causar dores de cabeça em seus filhos, ou pior.[36]

Quando Woodward disponibilizou o relatório final em 1974, fez as seguintes observações e recomendações:

- Os próprios aborígenes devem ser consultados sobre todas as medidas propostas.
- Qualquer esquema de reconhecimento dos direitos dos aborígenes à terra pode ser suficientemente flexível para permitir mudanças de ideias e mudanças de necessidade entre os aborígenes no decorrer dos anos.
- Compensação monetária não poder ser uma resposta aos pleitos legítimos à terra de um povo que tem um passado diferente e quer manter sua identidade separada no futuro.
- Pouco vale reconhecer os pleitos dos aborígenes à terra se os aborígenes em questão não forem providos com os fundos necessários para fazer uso daquela terra de maneira sensata e de acordo com suas preferências.
- É importante que as comunidades aborígenes tenham o máximo de autonomia possível sobre os seus assuntos.
- Aborígenes devem ser livres para seguir seus métodos originais de tomada de decisão.
- Aborígenes devem ser livres para escolher seu modo de vida.
- Deve haver respeito pelos princípios de conservação. Portanto, dinheiro público não deve ser desperdiçado ou desviado, e terras e recursos naturais não deveriam ser utilizados a ponto de sofrerem danos evitáveis.

---

36 Conversa com o autor em 21 jan. 2021.

Fins tóxicos

– Diferenças entre os povos aborígenes devem ser levadas em consideração, mas deve-se evitar qualquer barreira artificial (particularmente aquelas baseadas na porcentagem de sangue aborígene).

A implementação legal dessas recomendações, no entanto, foi interrompida. Em 1975, naquilo que algumas pessoas descrevem como a maior crise constitucional que balançou o país, o governador-geral John Kerr (designado pela Coroa inglesa sem muitos poderes efetivos) livrou-se do governo Whitlam. Malcom Fraser, do conservador Partido Liberal, foi nomeado primeiro-ministro interino e venceu a eleição seguinte. Embora esses eventos dramáticos tenham sido causados por inúmeros fatores, todos fundados nas políticas progressistas do primeiro governo trabalhista em 23 anos, o impacto sob a política fundiária foi significativo. A Lei de Terras do Território do Norte, de 1976, realizou duas grandes mudanças na visão ampla de Woodward, que buscava compreender os desejos dos homens e mulheres indígenas. Em primeiro lugar, em vez de permitir que os povos indígenas decidissem quem pertencia a qual terra, a Lei de Terras implementou um modelo rígido, baseado na antropologia social, que ditava a maneira como eles deveriam apresentar seus pleitos. Qualquer grupo que quisesse uma terra de volta precisava provar que era um "dono aborígene tradicional", compreendido como uma forma "de grupo descendente local" com "filiações espirituais comuns" a um local sagrado em sua terra.[37] Em segundo lugar, ao contrário daquilo que Woodward observou sobre o conceito de propriedade para as relações de rito e terra dos indígenas, a lei especificou que a filiação espiritual do requerente a um lugar sagrado ou terra eram "direitos primários", com poder de excluir outros da terra.

Essa distorção do relatório de Woodward e das perspectivas das mulheres e dos homens indígenas que conversaram com Woodward

---

37 Ver Aboriginal Land Rights (Northern Territory) Act (1976), parte 1, seção 3.

tornou-se um modelo discursivo para todas as legislações subsequentes que diziam respeito aos povos indígenas.[38] Corpos, mentes e relações podem possuir uma camada superficial de diferença, mas elas foram ordenadas com base na soberania da propriedade. Quando convidado a discutir comigo sobre modos não fascistas de pertencer a um lugar no *Internationale* on-line, Rex Edmunds focou o desarranjo que a legislação federal sobre o direito à terra provocou na dupla sessão que Yarrowin descreve como "separados-separados e conectados".

REX EDMUNDS Sou um Mudi ou aquilo que as pessoas brancas chamam de barramundi, uma espécie de peixe. Uma vez vi um barramundi num cardápio em Nova York. De todo modo, meu mudi está na ponta de Mabaluk; ele tem a forma de um recife, como o rabo de um peixe. A ponta de Mabaluk tem o formato de um mudi. O totem vem do meu pai e ele ganhou do pai dele. O irmão do meu pai e seus filhos, como Natie [Natasha Bigfoot] também o pegam. Então ele é nosso desde antes das pessoas brancas e desde o tempo do Sonhar. E ainda é nosso. Não sei se é certo dizer isso, mas somos os chefes. [*risos*]

ELIZABETH A. POVINELLI Ah, mas é isso mesmo! Talvez você possa dizer ao pessoal o que você e Linda [Yarrowin] estavam dizendo em um vídeo que fizemos para a exposição de Natasha Ginwala na ifa-Gale-

---

38 A legislação aprovada após a Alra aprendeu algumas lições com esse instrumento fundador: com o título nativo subsequente, disponível nacionalmente, o direito de veto tornou-se um direito mais simples de negociação. Mesmo a Alra foi severamente restringida: donos aborígenes tradicionais perderam o direito de vetar a mineração em 1984; posteriormente, o espaço para a realização de novos pleitos por essa legislação original mais generosa se fechou, embora o consentimento dos donos tradicionais ainda seja importante. Com o título nativo, a única garantia é uma breve janela de seis meses de consulta. Ver Tess Lea, *Wild Policy: Indigeneity and the Unruly Logics of Intervention*. Stanford: Stanford University Press, 2020. Ver também Andrew Schaap, "The Absurd Logic of Aboriginal Sovereignty", in *Law and Agonistic Politics*. Farnham: Ashgate, 2009.

Fins tóxicos

rie, em Berlim, o *Revoltas: cancelamentos lentos do futuro*. Lá vocês falam dos "separados-separados e conectados". Talvez você também possa falar sobre o seu totem e cerimônias como a queima de trapo, o *kapug*.

REX EDMUNDS Claro. Meu totem, meu mudi, é uma das duas irmãs que estavam circulando em um lugar chamado Bandawarrangalgen – o lugar ainda está lá, como você sabe. Conforme rodavam, elas criavam um redemoinho perigoso. Após algum tempo – talvez elas estivessem com ciúmes de alguma coisa, talvez fosse de um homem – decidiram que uma subiria o rio e se tornaria um barramundi de água doce e outra permaneceria na água salgada. Foi a da água salgada que veio para a minha terra e tomou assento em Mabaluk. Então essas irmãs são "separadas-separadas". Cada uma tem um lugar onde elas estavam antes e onde estão agora, mas elas também estão conectadas por causa dessa história e da terra que a atividade delas moldou na forma que ela apresenta hoje.

Então é assim: separados-separados, mas conectados. Você pode e não pode torná-las diferentes. Assim como dissemos que "karrabing" significa um tipo de maré, uma maré baixa que mostra como diversos locais são conectados e diferentes: dá para ver o formato da areia e dos recifes e os canais profundos sob a superfície da água. É também o que conecta todos nós. Como posso cuidar da minha terra se você está destruindo a sua? Acho que as pessoas brancas estão percebendo isso com as mudanças climáticas e o veneno e o plástico e a radiação por todo lado. E o *fracking*. Eles dizem: "Bom, só vamos fraturar essa pequena área", mas o veneno pode se espalhar nos lençóis freáticos.

ELIZABETH A. POVINELLI Acho que a queima de roupas pode ajudar as pessoas de fora a entender essa ideia de que tudo está conectado ou ligado desde o princípio.

REX EDMUNDS Bom, se alguém da nossa família morre, nós fazemos um enterro cristão no cemitério. Se for um homem ou uma mulher com funções cerimoniais, então também precisamos fazer uma *wangga* para mostrar respeito. De todo modo, a gente fica com as roupas da pessoa e outras coisas que têm o suor ou o espírito dela. Depois de mais ou menos um ano, algo assim, fazemos a queima dos tecidos. Como fizemos para a mãe de Trevor e para o marido de Daphne no ano passado. Precisa ser um tio ou uma tia, um primo ou uma prima para fazer a queima – do nosso jeito são os primos, por exemplo, os filhos do irmão da sua mãe ou os filhos da irmã do seu pai. Se é a sua tia (irmã do seu pai) ou o seu tio (irmão da sua mãe), sempre são de outro clã e, portanto, de outro território. É melhor se forem tios, tias ou primas próximas, mas, elas sendo conectadas assim, está tudo bem. Como seria possível eu mesmo queimar as roupas da minha mãe, irmã ou pai? Ninguém do mesmo grupo totêmico pode encostar nessas coisas durante a cerimônia. Eu sou o chefe delas, mas mesmo assim não posso fazer isso. Preciso dos meus parentes daquele outro totem ou território.[39]

Ironicamente, as relações de pertencimento que Edmunds descreve espelham as justificavas do juiz Blackburn para recusar os questionamentos dos Yolgnu à gigante da mineração Nabalco, que queria extrair bauxita em suas terras. Mas Edmunds considera que está recusando a lógica proprietária do capitalismo de ocupação e suas decorrências ontológicas e sociais, e não sentindo falta delas. Edmunds argumenta que o regime do colonialismo de ocupação para os pleitos de terra reduziu a abrangência do poder indígena. Segundo ele, as ricas interdependências e conexões entre as terras indígenas são reduzidas a "pequenas concessões de terra" aos "donos tradicionais" para implementar a mineração e outros projetos de desenvolvimento. Em outras palavras, a lei do reconhecimento fez aquilo que até mesmo Blackburn recusou: subordinou as analíticas das relações dos seres humanos

---

39 E. A. Povinelli e R. Edmunds, "A Conversation at Bamayak and Mabaluk, Part of the Coastal Lands of the Emmiyengal People". *L'Internationale*, 2 out. 2019. Disponível on-line.

Fins tóxicos

com a terra a uma ordem de propriedade que tornaria essas analíticas comensuráveis com as abordagens da propriedade pelo Estado e pelo capital. A resposta dos Karrabing é que não lhes faltam terra, mas eles recusam a ideia ocidental de que a terra seja uma propriedade.

Além de entenderem os totens ancestrais como seres relacionais, os Karrabing sabem que interromper as relações pode fazer os seres ancestrais "se esconderem" ou "ir para baixo da terra".[40] A importância desses ancestrais subterrâneos está na habilidade – se eles assim quiserem – de revelar conexões potencialmente novas (antigas) entre lugares, pessoas e o mundo mais-que-humano. Em *Geontologias* descrevo os Karrabing como pessoas para as quais a tarefa do pensamento humano reside no encontro com uma manifestação.[41] A questão não é entender a coisa em si mesma, mas compreender como suas variações geográficas são indicações de uma alteração de alguns modos de existência importantes. O propósito de entender as tendências, predileções e orientações das partes envolvidas em dada formação é manter essa parte orientada para a formação, de modo que ela possa continuar.[42] A dupla sessão do "separados-separados e conectados" não é apenas uma questão material. É também uma orientação mental, uma ética da existência que está constantemente preocupada com as potencialidades do presente ancestral para indicar suas intenções e desejos. Temos um vislumbre do que está em jogo nesta conversa entre mulheres do povo Karrabing sobre as am-

---

40 Karrabing Film Collective, "Roan-Roan and Connected, That's How We Make Bibliography 165 Karrabing". Middle Earth, Art Gallery of New South Wales. Disponível on-line.

41 E. A. Povinelli, *Geontologias*, trad. Mariana Ruggieri. São Paulo: Ubu Editora, 2023, especialmente pp. 103-04.

42 Barbara Glowczewski observa uma dinâmica similar entre os povos do Yuendumu, mostrando simultaneamente como as ontologias indígenas aparecem na ecosofia de Guattari e como sua ecosofia foi influenciada por essas analíticas indígenas. Ver B. Glowczewski, *Indigenising Anthropology with Guattari and Deleuze*. Edinburgh: Edinburgh University Press, 2019; e *Devires totêmicos*, trad. Jamille Pinheiro Dias. São Paulo: n-1 edições, 2015.

plas implicações que essa forma de pensar a respeito da independência interdependente tem para a ética linguística, cerimonial e social.

ELIZABETH A. POVINELLI Então no começo havia muitas línguas. Essas muitas línguas eram um problema para eles?

CECILIA LEWIS Não, não era, porque todos conheciam todas essas línguas. Minha mãe, por exemplo, sabia todas essas línguas que estamos discutindo... Pensamos que, quando falamos com outra pessoa dessa maneira, é possível conectar ou articular você e ela – quando você fala a língua dela como ela, ela entra dentro de você e você dentro dela. Você está pensando sobre aquela outra pessoa, com ela e por meio dela...

ANGELA LEWIS E não se esqueça da cerimônia... E das pessoas sentadas ao redor de uma fogueira contando histórias.

CECILIA LEWIS Um grupo conta a sua versão da história, como as muitas maneiras que a história da Serpente Marinha é contada, dependendo de onde você vive. E todas as histórias são similares, mas diferentes, e então você precisa contar o que o Sonhar fez, da perspectiva do seu território, e você começa a perceber como isso se conecta com o que aconteceu em outra história, ou como é diferente – por exemplo, com quem ele brigou ou deixou de brigar. Marriamu, Emmi, Mentha e Wadjigiyn com o Sonhar do Cachorro estão conectados por uma história que cruza seus territórios.

LINDA YARROWIN Acontece a mesma coisa num casamento, cerimônia, ou quando você transpira em algum lugar – você se une aos lugares que essas atividades cruzam, mas também mantém o seu povo e o seu lugar fortes. É por isso que as pessoas eram fortes antes da chegada dos brancos. Elas respeitavam as outras pessoas porque elas estavam conectadas por dentro e por fora.[43]

---

43 Karrabing Film Collective, "Australian Babel: A Conversation with the Karrabing". *Specimen: The Babel Review of Translations*, 31 out. 2017. Disponível on-line.

Fins tóxicos

A mente biosférica

Embora pareça mera correlação entre tempo e evento, Bateson publicou seu pioneiro *Por uma ecologia da mente* apenas dois anos antes de Berger e Woodward escreverem seus relatórios. Mas existe uma conexão causal mais profunda entre o trabalho de Bateson e os mundos que os ancestrais dos povos Dene e Karrabing tentavam manter em seus lugares. Antropólogo, ciberneticista, psicólogo e morfologista da existência, Bateson abriu uma enorme clareira nos domínios variegados da vida intelectual desde os anos 1940 até a sua morte, em 1980. Começou sua carreira intelectual na Papua-Nova Guiné e na Indonésia colonial, passou pela inteligência militar estadunidense, conheceu o auge da cibernética e terminou na ecologia de esquerda. Muitos estudiosos detalharam as conexões entre Bateson e os pensadores críticos contemporâneos.[44] Suas ideias sobre a mente e a natureza podem ser encontradas no trabalho de Deleuze e Guattari sobre o platô, o rizoma e a esquizoanálise; a ecosofia de Guattari; as leituras pós-coloniais de Sylvia Wynter, Barbara Glowczewski e Deborah Bird Rose. Por trás de todas essas ideias estão os mundos indígenas da Papua-Nova Guiné.

Muito já foi dito a respeito da influência da cibernética sobre a teoria da mente batesoniana. No entanto, dois conceitos – a cismogênese e o duplo vínculo [*double bind*] – surgiram do trabalho de Bateson nos anos 1930 e 1940 com os Iatmul, na região do rio Sepik, na Papua-Nova Guiné, então sob administração australiana, e com o povo que vivia no vilarejo balinês de Bajoeng Gede, sob mandato neerlandês.[45] Algumas biografias apontam a frustração inicial de

---

44 Robert Shaw, "Bringing Deleuze and Guattari down to Earth through Gregory Bateson: Plateaus, Rhizomes and Ecosophical Subjectivity". *Theory, Culture, and Society*, v. 32, n. 7-8, 2015.

45 Ver N. Katherine Hayles, *How We Became Posthuman: Virtual Bodies in Cybernetics, Literature, and Informatics.* Chicago: University of Chicago Press, 1999; Ronald R. Kline, *The Cybernetics Moment: Or Why We Call Our Age the Information Age.*

Bateson enquanto fazia trabalho de campo na Papua-Nova Guiné, nos anos 1930. Originalmente estudante de zoologia, ele se transferiu para a antropologia social sob orientação de A. C. Haddon, que o incentivou a estudar o contato entre grupos do Sepik e os administradores coloniais australianos. Bateson, após constatar que seus interlocutores estavam excessivamente contaminados culturalmente, focou sua atenção nas famílias iatmul e depois, com Margaret Mead, nas terras altas balinesas. A compreensão de Bateson acerca da relevância da revolução cibernética para uma ecologia geral da mente veio diretamente de uma cerimônia papua chamada Naven. Em seu livro *Naven* (1936), Bateson introduz o conceito-chave de cismogênese, "um processo de diferenciação nas normas de comportamento individual resultante da interação cumulativa dos indivíduos".[46] Bateson identificava duas formas de cismogênese: complementar e simétrica. No caso da cismogênese complementar, as diferenças se tornam cada vez mais exageradas, até não existir mais nenhuma relação entre ambas as partes.

Se, por exemplo, um dos padrões de comportamento cultural, considerado apropriado no indivíduo A, é culturalmente rotulado de padrão assertivo, enquanto de B se espera que responda a isso com o que é culturalmente visto como submissão, é provável que essa submissão encoraje uma nova asserção, e que essa asserção vá requerer ainda mais submissão. Temos então um estado potencialmente progressivo, e, a não ser que outros fatores estejam presentes para controlar os excessos de comportamento assertivo ou submisso, A deve necessariamente tornar-se mais e mais assertivo, e B se tornará mais e mais submisso; e essa mudança progressiva

---

Baltimore: Johns Hopkins University Press, 2017; e Anthony Chaney, *Runaway: Gregory Bateson, the Double Bind, and the Rise of the Ecological Consciousness*. Chapel Hill: University of North Carolina Press, 2017.

46 G. Bateson, *Naven*, trad. Magda Lopes. São Paulo: Edusp, 2006, p. 219.

ocorrerá, sejam A e B indivíduos separados ou membros de grupos complementares.[47]

Na cismogênese simétrica, as pessoas batalham para saber quem exemplifica a qualidade ideal. "Se, por exemplo, encontramos a bazófia como padrão cultural de comportamento em um grupo, e o outro grupo responde a isso com mais bazófia, uma situação competitiva pode se desenvolver na qual a bazófia leva a mais bazófia, e assim por diante."[48] Bateson compreendia a cerimônia Naven como um re-equilíbrio de um sistema social destinado a superaquecer e entrar em colapso. Durante a Naven, papéis sociais e culturais eram intensificados e invertidos. Em vez de virar do avesso a ordem social, a intensificação e a inversão geravam meios de reintegração social, emocional e mental – aquilo que ele entendeu depois como um mecanismo de retorno corretivo em um sistema feito para re--equilibrá-lo continuamente. O re-equilíbrio não era uma abstração social. Cada membro da sociedade vivenciava o que significa ser uma posição social distinta; cada um encarnava a outra posição. A Naven era um volante de inércia, aplainando e reorientando fluxos de energia desiguais.

Bateson trazia consigo essas ideias sobre sistemas culturais e subsistemas como formas de distorção orgânica e autocorreção quando se deparou pela primeira vez com a cibernética, trabalhando no Escritório de Serviços Estratégicos (oss), durante a Segunda Guerra Mundial, após fazer trabalho de campo na Papua e em Bali.[49] Visto de início como relutante por razões de liberdade intelectual, seu trabalho no oss fazia parte, em última instância, de um esforço mais amplo de guerra que muitos intelectuais e acadêmicos

---

47 Ibid., p. 219.
48 Ibid., pp. 219-20.
49 David Price, "Gregory Bateson and the oss: World War II and Bateson's Assessment of Applied Anthropology". *Human Organization*, v. 57, n. 4, 1998.

entendiam como uma luta contra o fascismo europeu em expansão.[50] Independentemente de seus motivos específicos, o trabalho de Bateson com o grupo de inteligência lhe deu credenciais para conhecer os pais da cibernética, como Norbert Wiener, Warren McCulloch e John von Neumann.[51] Para os militares, o objetivo da cibernética era razoavelmente indiscutível. Poderia a cibernética construir uma força bélica que combinasse inteligência humana e maquínica? A questão, inicialmente, era se máquinas pensantes poderiam processar com mais rapidez e precisão a trajetória de um ataque de mísseis e, assim, operar as baterias antimísseis com mais eficácia que os seres humanos. Elas poderiam quebrar mais facilmente o código inimigo do que a força de trabalho esmagadoramente feminina da criptoanálise?[52]

Os anos 1940 certamente não foram o primeiro momento em que uma máquina de pensamento foi pensada – alguns atribuem suas origens à "máquina diferencial" de Charles Babbage, outros ao ábaco árabe e, ainda outros, à máquina de Turing. Além disso, como observa Ronald Kline, a cibernética estava longe de ser uma teoria unificada.[53] Embora a maioria das pessoas concordasse que a cibernética estava amplamente interessada na maneira como animais, máquinas e sistemas se mantinham, em linhas gerais, por meio de informação, controle e *loops* de retroalimentação, muitos proponentes discutiram o sentido de conceitos tão fundamentais

---

50 Ibid.

51 Ver Claus Pias (org.), *The Macy Conferences, 1946-1953: The Complete Transcripts*. Chicago: University of Chicago Press, 2016.

52 Existem histórias excelentes sobre o surgimento da cibernética que mostram seu desenvolvimento original como um meio de atingir melhor os mísseis alemães durante a Segunda Guerra Mundial até as intensas discordâncias pessoais, institucionais e políticas, conforme o campo se expandia e se diversificava entre as diversas disciplinas. Ver, por exemplo, R. R. Kline, *The Cybernetics Moment*, op. cit.; e Thomas Rid, *The Rise of the Machines: A Cybernetic History*. New York: W. W. Norton & Company, 2016

53 R. R. Kline, *The Cybernetics Moment*, op. cit., p. 7.

Fins tóxicos

como sistema, mente, ruído e comunicação. O que era a mente? Máquinas não orgânicas podiam pensar? Qual a relação entre os elementos de um sistema e o sistema em si; onde está a mente? A mente está dentro de um sistema? Mas então qual é o seu sistema interno? Onde está a mente se a mente está dentro de sistemas que estão dentro de sistemas, dentro de outros sistemas, e mentes estão dentro de mentes, dentro de outras mentes? Essas questões foram debatidas em publicações e conferências, entre as quais as famosas Conferências Macy, realizadas entre 1946 e 1953.[54] Segundo Thomas Rid, uma apresentação em especial moldou o pensamento de Bateson sobre o ambiente: a apresentação de William Ross Ashby sobre o homeostato, uma máquina feita de partes de equipamentos militares descartados, quatro baterias interligadas e botões. Ashby criou o homeostato para, no caso de haver distúrbios de equilíbrio, o sistema inteiro poder se ajustar até alcançar um novo equilíbrio.[55]

Todo tipo de gente se viu envolvido nesses debates, até mesmo Hannah Arendt. Brian Simbirski observa que, embora ela já estivesse desconfiada da automação havia muito tempo, no fim dos anos 1950 Arendt "veio a associar a violência nuclear à automação e à cibernética".[56] Em uma palestra da Conferência sobre a Revolução Cibercultural, realizada em 1964, Arendt mira especificamente diversos pressupostos da comunidade cibernética. Comenta a singularidade do cibernético. Enquanto a Revolução Industrial buscava substituir a força de trabalho humana pela força da máquina, a cibernética buscava substituir o poder do cérebro humano. No que dizia respeito à manutenção da fronteira entre a mente humana e a mente maquínica, já não havia o que fazer. Como observa Arendt, já somos todos levemente cibernéticos – a condição humana já havia sido enredada ao maquínico.

---

54 C. Pias (org.), *The Macy Conferences*, op. cit.
55 T. Rid, *The Rise of the* Machine, op. cit., pp. 53-69.
56 B. Simbirski, "Cybernetic Muse", op. cit., p. 529.

O simples fato de o homem não ser apenas condicionado pelo seu ambiente e de o ambiente o condicionar, isto é, essa maneira particular disso que agora é chamado de retroalimentação e que, na verdade, é bastante óbvio na história toda da humanidade, onde quer que ele o encontre, isto é, nós nos ajustamos sempre muito mais rápido do que imaginávamos às novas condições se nos antecipamos. Quando chegamos lá, quando o ambiente já mudou de verdade, já estamos condicionados, mesmo que não o saibamos e mesmo que saibamos muito pouco sobre o que realmente nos condicionou. Tomemos como exemplo alguém que viveu o meu tempo. Quando eu era apenas uma criança, havia a charrete, depois o automóvel e depois o avião. Se penso, por exemplo, sobre a beleza, com a qual me ajustei durante a minha vida a todas essas condições muito diferentes, às quais eu adicionaria algumas puramente políticas, então devo dizer que me surpreendo com a minha adaptabilidade.[57]

A surpresa de Arendt era a mesma de toda uma geração. As máquinas de pensar pareciam estar levando os seres humanos ao precipício não simplesmente de uma nova revolução industrial, mas de uma nova evolução planetária. O poder potencial dessa nova condição cibernética colocava uma pergunta sobre o propósito da "libertação" cibernética. As máquinas não fariam nada além de libertar os seres humanos do labor e do trabalho para que sua vida fosse preenchida com "lazer"? Um dos grandes benefícios que os engenheiros alardeavam em favor das máquinas cibernéticas era a libertação humana do trabalho. A automação computacional prometeu tomar as rédeas da fabricação de tudo. As visões utópicas e distópicas dos *cyberpunks* logo começaram a delinear um mundo comandado por máquinas, exemplificado no romance *Androides sonham com ovelhas elétricas?* Computadores pensantes forneceriam mais tempo

---

57 H. Arendt, "Lecture on Cybernetics". *Hannah Arendt Papers*, Library of Congress, 1964. Disponível on-line.

de lazer para a vasta maioria dos seres humanos ou um novo tipo de escravização? Vamos deixar de lado o sonho cibernético para essa nova forma de automação que reduziria o tempo de trabalho – um sonho que Arendt destrói ao argumentar que desde a Revolução Industrial o tempo de trabalho só aumentou. Mesmo que a revolução cibernética reduzisse o tempo de trabalho, essa forma de libertação seria algo diferente de uma queda no inferno infinito do nada? "O tempo vago é isso mesmo: é o nada, e não importa quanto adicionamos para preencher esse nada, o nada em si ainda está lá, presente, e pode nos impedir de nos ajustarmos rapidamente e voluntariamente a ele."[58] O lazer cibernético era desejável apenas se libertasse as pessoas da necessidade, de modo que elas pudessem adentrar a esfera política. Os gregos haviam libertado certos homens da necessidade para que eles pudessem atuar politicamente. A cibernética poderia oferecer essa forma de liberdade para todos os seres humanos? Ou as máquinas só passariam a atribuir a outras pessoas o papel da mulher grega, das pessoas escravizadas e colonizadas e dos sujeitos subalternos? *Eu, robô*, de Isaac Asimov, tinha algo a dizer sobre esse futuro da robótica.

Bateson saiu desses debates com um conceito muito específico sobre as implicações da mente e, portanto, sobre quais critérios tinham de ser cumpridos para que alguém pudesse afirmar estar na presença de uma mente. Dois critérios prepararam o terreno para aquilo que ele chamou de ecologia da mente – diferença e relevância, ou aquilo que ele chamava de uma "diferença que faz diferença" (ou uma diferença de segunda ordem).[59] Bateson tinha familiaridade com a semiótica do Charles Sanders Peirce, e podemos notar em seus critérios a teoria de Peirce sobre o papel que o interpre-

---

58 Ibid.
59 Gregory Bateson, *Mind and Nature: A Necessary Union*. New York: E. P. Dutton, 1979, p. 228.

tante cumpre na evolução da mente.[60] Para Peirce, o interpretante não coloca uma placa indicando um objeto, atividade ou sujeito em outra mente. Enquanto o signo determina o objeto em um ou outro aspecto (em vez de representá-lo), o interpretante o transforma ou "desenvolve" conforme transforma os hábitos da mente em que o desenvolvimento ocorre. A possibilidade de um desvio aleatório (acaso) disparar novas leis de habituação e novos padrões de mente está alojada na determinação do signo para o objeto e no desenvolvimento do signo levado a cabo pelo interpretante.[61] Peirce não apenas via esses padrões mentais e a lei natural como tendo evoluído, mas também via a evolução como o jogo dessas mutações aleatórias. Em outras palavras, a mente era natureza, e a natureza era resultado de padrões e desvios aleatórios conforme o cosmos interpretava a si mesmo.

Além disso, Bateson via a mente como a corporificação de certa tautologia. A mente emergia quando a diferença se tornava relevante para a mente constituída pela relevância dessa diferença para a continuidade da mente.[62] Portanto, para Bateson, a mente não é uma coisa, uma substância ou um *self* unificado.[63] Nunca encontraremos a mente se começarmos por desenhar fronteiras ao redor de coisas no espaço e no tempo. Utilizando o termo *self*, um de seus

---

60 Charles Sanders Peirce, "Evolutionary Love". *Monist*, n. 3, 1893.

61 Sobre o interesse científico em metapadrões, ver Tylor Volk, Jeffrey Bloom e John Richards, "Towards a Science of Metapatterns: Building upon Bateson's Foundation". *Kybernetes*, v. 36, n. 7-8, 2007. Disponível on-line.

62 G. Bateson, *Mind and Nature*, op. cit., p. 131. A tautologia dessa mente inicial não apenas era reconhecida por Bateson, como era fundamental para a sua compreensão do *self*, da mente e da vida. Ver também Wright, "Epistemology, Language, Play and the Double Bind". *Anthropoetics: The Journal of Generative Anthropology*, v. 14, n. 1, 2008. Disponível on-line.

63 "A interação entre as partes da mente é disparada pela diferença, e a diferença é um fenômeno não substancial que não está localizado nem no espaço nem no tempo; a diferença está relacionada à negentropia e à entropia, e não à energia." G. Bateson, *Mind and Nature*, op. cit., p. 102.

Fins tóxicos

sinônimos para a mente, Bateson escreve: "Dentro e fora não são metáforas adequadas para inclusão e exclusão quando estamos falando do *self*".[64] A mente é um modo de processo e classificação que se volta para si mesma quando se depara com uma informação (diferença), reensacando-se em si mesma e em outros sacos; a condição do *self* é um processo de "estímulo, reação e reforço".[65] Em outras palavras, a mente não está em um saco, da mesma forma que o sujeito não está em sua pele ou o objeto não termina em suas bordas.[66] Todos são imanentes ao ensacamento e nele correm perigo. Sabemos que estamos na presença da mente quando um processo é iniciado em reação a um encontro com a diferença (informação). A mente é um verbo (processo) de classificação, de uma reação a uma diferença que faz diferença para a informação da mente, um pseudônimo para biologia, alma e vida. A mente é aquilo que opera reagindo por meio da metaclassificação, que consiste em absorver a diferença (informação) de modo a permanecer em seu lugar. Seria um erro compreender essas absorções como estáveis ou não produtoras de sua própria instabilidade. Todas as mentes-vida lidam com essa questão: para produzir a si mesmas em uma ordem mais elevada, elas precisam absorver e emanar ruído em livre flutuação.[67] A mente absorve o ruído para criar novas ordens da mente. Mas, quanto mais ela absorve, mais complexa e instável ela fica. Para Bateson, essa era simplesmente a lei da entropia – quanto mais alta a entropia, maior a desordem.

---

64 Ibid., p. 132.

65 Ibid., p. 133.

66 Id., *Steps to an Ecology of Mind: A Revolutionary Approach to Man's Understanding of Himself*. San Francisco: Chandler, 1972, p. 460.

67 Leon Marvell observou a "extrema amplificação das ideias de Bateson (embora ele não faça nenhuma referência à obra de Bateson)" nos livros de Michel Serres, como *The Parasite*. Ver L. Marvell, *Transfigured Light: Philosophy, Cybernetics and the Hermetic Imaginary*. Washington: Academic Press, 2007; e M. Serres, *The Parasite*. Minneapolis: University of Minnesota Press, 2007.

Bateson pensava que essa definição da mente situaria o humano em uma Gaia biosférica mais ampla. A mente-*self* humana estaria dentro e fora das outras forças da mente-vida, igualmente dentro e fora de si mesmas. A biosfera humana e não humana dependeria de manter não apenas seus *selves* específicos, mas também aquilo que os mantém. Em suas mãos, o compasso da mente humana foi arremessado para muito além do humano, adentrando o sentido e a fonte da evolução da vida. Em vez de a mente humana servir para definir a mente, ela é apenas uma região da mente biosférica, parte de uma correlação maior de forças que faz parte da diferença, da relevância e da autocorreção.[68] A "mente individual" é imanente não apenas no corpo. "É imanente também em vias e mensagens fora do corpo; e há uma Mente maior da qual a mente individual é apenas um subsistema. Essa Mente maior é comparável a Deus [...], mas ainda assim é imanente ao sistema social total e interconectado e à ecologia planetária."[69]

É verdade que, em geral, Bateson fala da mente como se ela fosse uma variante da unidade de Espinosa: em seu próprio trabalho, a palavra mente aparece no singular e com inicial maiúscula. Apesar disso, Bateson não considera a mente uma singularidade, não se trata de uma coisa em si mesma, soberana em relação a si mesma ou em concordância consigo mesma. Na raiz da mente está o que Deleuze veio a chamar de "multiplicidade original" e uma filosofia das relações; ela poderia mais genericamente ser colocada com a compreensão da relação entre *todo-mundo*, *eco-mundo* e *caos-mundo*.[70] Como Bateson diz repetidamente em *Por uma ecologia*

---

68 Bateson utiliza os termos tautologia e explicação, *Mind and Nature*, op. cit., p. 81.

69 G. Bateson, *Steps to an Ecology of Mind*, op. cit., p. 467. Ver também Kohn, *How Forests Think: Toward an Anthropology beyond the Human*. Berkeley: University of California Press, 2013; e Jesper Hoffmeyer, *A Legacy for Living Systems: Gregory Bateson as Precursor to Biosemiotics*. Amsterdam: Springer, 2008.

70 "Uma mente é um agregado de partes de componentes que interagem." G. Bateson, *Mind and Nature*, op. cit., p. 102.

Fins tóxicos

da mente, *Mente e natureza* e *Uma unidade sagrada*, o mapa não é um território, mesmo que seja o mapa que "nos" segure em relação a "nós mesmos" em qualquer nível da *bíos*.[71] Como outras ordens da mente, a complexidade da mente biosférica se intensifica e multiplica a reação em cadeia, transmitindo troca de ruídos enquanto mapas intrudem outros mapas e assim por diante. Além disso, Bateson vê como única fonte de diferença, que fornece criatividade para o remapeamento, algo que vem do território. Ele escreve:

> São apenas notícias da diferença que podem passar do território ao mapa, e esse fato é uma declaração epistemológica básica sobre a relação entre toda a realidade lá fora e toda a percepção aqui dentro: essa ponte deve sempre existir na forma da diferença. Lá fora a diferença precipita diferença codificada ou correspondente no agregado da diferenciação que chamamos de mente do organismo.[72]

Bateson utiliza uma série de sistemas mentais – o sistema do *keeshond* e do gibão, o sistema cão-coelho, o sistema golfinho-humano e outras interações multiespécies e irredutivelmente opacas – para fissurar a carapaça da singularidade da mente humana. Seus exemplos fazem pensar em outros agenciamentos e outras criaturas simbiogenéticas, que mais tarde apareceriam em *Mil platôs*, de Deleuze e Guattari, e em *O manifesto das espécies companheiras*, de Donna Haraway. Bateson utiliza essas mentes multiespécies para tentar reequilibrar um volante de inércia perigosamente inseguro nas epistemologias ocidentais da mente. Como ele notou pela primeira vez em *Naven*, todas as socie-

---

71 Para as origens do termo biosfera, ver Sophia Roosth, "The Quick and the Dead: Life, Latency and the Limits of the Biological". Palestra na American Academy de Berlim, 11 abr. 2016. Disponível em: vimeo.com/162412284; Bertrand Guillaume, "Vernadsky's Philosophical Legacy: A Perspective from the Anthropocene". *Anthropocene Review*, v. 1, n. 2, 2014, pp. 137-46; e Mercè Piqueras, "Meeting the Biospheres: On the Translations of Vernadsky's Work". *International Microbiology*, v. 1, n. 2, 1998.
72 G. Bateson, *Mind and Nature*, op. cit., p. 240.

dades, na verdade todas as mentes, são perpassadas por diversas formas de cismogênese. A ideia de que formas de mentes distintamente diferentes existiam em suas caixas autocontidas – *self* dentro de *self*, o humano dentro do humano – causou uma crise existencial no Ocidente. A cismogênese complementar das epistemologias ocidentais não estava ameaçando uma ou outra sociedade, mas a própria vida, a biosfera. Bateson esperava que, ao situar a mente humana dentro da mente da natureza, o perigoso chauvinismo do iluminismo europeu seria fraturado; esperava que o reconhecimento da mente biosférica seria um antídoto ao biocídio tóxico do pensamento iluminista. No momento em que Bateson estava escrevendo *Por uma ecologia da mente* e *Mente e natureza*, ele rejeitou a impossibilidade de caixas--pretas e a ideia de que não sairia delas nada além de manufatura industrial e pesticidas químicos venenosos. Falando sobre computadores, espécies e caixas-pretas em seu trabalho fundamental, *Por uma ecologia da mente*, Bateson escreve:

> Pensemos por um momento na questão de se um computador pensa. Eu diria que não. O que "pensa" e opera por "tentativa e erro" é o homem *mais* o computador *mais* o meio ambiente. As fronteiras entre o homem, o computador e o meio ambiente são puramente artificiais, ficcionais. Elas são fronteiras que *cortam* as vias pelas quais é transmitida a informação ou a diferença. Elas não são fronteiras do sistema de pensamento. O que pensa é o sistema total que opera por tentativa e erro, que é o homem mais o meio ambiente.[73]

Entender mal aquilo que pensa e aquilo que não pensa não é uma mera falha epistemológica, é uma catástrofe ambiental:

> Pensemos agora no que acontece quando você comete o erro epistemológico de escolher a unidade errada: você acaba na espécie *ver-*

---

73 Id., *Steps to an Ecology of Mind*, op. cit., p. 488.

Fins tóxicos

sus as demais espécies ao redor ou *versus* o meio ambiente em que ela opera. O homem contra a natureza. Você acaba, de fato, ficando com a baía Kaneohe poluída, com o lago Erie cheio de gosma verde, e com "vamos fabricar bombas atômicas maiores para exterminar nossos vizinhos". Aí está uma ecologia de péssimas ideias, assim como existe uma ecologia de ervas daninhas, e é característico dos sistemas que o erro básico se propague. Ele se dissemina como um parasita bem enraizado pelos tecidos da vida, e tudo acaba virando uma estranha confusão. Quando você estreita sua epistemologia e age com base na premissa de que "o que me interessa sou eu, ou minha organização, ou minha espécie", você decepa considerações sobre outros *loops* da estrutura de *loops*. Você decide que quer se livrar dos dejetos da vida humana e que o lago Erie seria um bom lugar para tal.[74]

A referência à baía Kāneʻohe era conhecida dos leitores e leitoras de Bateson. Foi um estudo de caso sobre os efeitos da prática comum de jogar esgoto puro em rios, baías, mares e oceanos no fim dos anos 1960. Mas as consequências tóxicas do capitalismo liberal raramente se confinavam em uma praia ou baía. Em 1966, oitenta pessoas morreram em Nova York em consequência do aumento da temperatura e da intensificação do nevoeiro fotoquímico. O lago Erie estava tão poluído por contaminantes industriais que o rio Cuyahoga, no território Seneca, pegou fogo, o que ajudou a fazer brotar o movimento ambientalista. Os Estados Unidos redirecionaram os dois acontecimentos para criar e defender suas próprias fronteiras ou, nas palavras de Bateson, para torná-los relevantes para a manutenção e extensão de sua mente.

---

74 Ibid., pp. 483-84. Para um contexto dos desgastes a que Bateson se refere, ver Keisha Bahr, Paul Jokiel e Robert Toonen, "The Unnatural History of Kāneʻohe Bay: Coral Reef Resilience in the Face of Centuries of Anthropogenic Impacts". *PeerJ* 3:e950, 12 mai. 2015.

De duas mentes

Levando em conta o argumento de Bateson de que a saúde do planeta depende da explosão de certa visão homocêntrica da mente, como devemos lê-lo em relação às posições anticoloniais críticas dos Dene e dos Karrabing? Antes de respondermos, vamos lembrar dois aspectos adicionais de *Mente e natureza* e *Por uma ecologia da mente*. Em primeiro lugar, no modelo proposto por Bateson para mente e natureza estão em jogo uma dinâmica e uma direção notáveis de incorporação e expansão. Tomemos a mente como exemplo. Descobrindo continuamente regiões distintas da mente (entre os Iatmul, os balineses, a inteligência militar estadunidense, a ciência e a epistemologia ocidental, a ecologia *new age*), Bateson se povoou com o *self* de outros. À medida que abria a boca com cuidado para incorporar a diferença dos outros, lentamente ele os conformou em um novo metapadrão da mente. Quanto mais puxava a diferença para si, mais declarava sua capacidade de abduzir o grande metapadrão da existência, um caleidoscópio mirabolante de padronagem estética. E ele queria dizer "abduzir" mesmo – a ideia de abdução em Peirce como uma forma de raciocínio distinta da dedução e da indução. A abdução é uma hipótese da mente sobre o modo como os elementos são relacionados entre si, com base no vasto arquivo que ela vivenciou e absorveu. Pensemos aqui no método de Sherlock Holmes. A abdução pura nunca prova nada em si; é mais uma intuição que depois é comprovada. No caso de Bateson, o vasto *corpus* de ordens de diferença e relevância em formas de mente levaram-no a propor uma versão da mente que hipoteticamente engloba todas, mesmo que nada possa ser provado de fato. Assim, a abdução de Bateson é equivalente a um gesto de fé: "Qual é minha resposta à pergunta sobre a natureza do conhecer? Eu me rendo à crença de que meu conhecer é uma pequena parte de um conhecer integrado mais amplo que tece a biosfera ou a criação inteira".[75]

---

75 G. Bateson, *Mind and Nature*, op. cit., p. 88.

À medida que os povos nativos e indígenas avançavam em suas análises sobre o fato de que as relações humanas com a existência não humana dependem de eles não cederem suas terras às infraestruturas extrativas do capitalismo de ocupação, Bateson e um conjunto de novos ecologistas estavam construindo uma mente que absorvesse outras para expandir a mente do humano para a biosfera. Como devemos entender a diferença entre os esforços dos povos indígenas para recusar a mente colonizante, de modo a dar suporte a uma relacionalidade de mentes, e os esforços de Bateson para recusar a transformação ocidental da mente em uma caixa-preta e situá-la na natureza? Em outras palavras, o que está em jogo quando escolhemos dar destaque à esfera colonial ou à biosfera e, com elas, à catástrofe ancestral ou à catástrofe por vir?

Uma forma de considerar essas perguntas – perguntas tomadas da primeira seção – é retornar a Césaire e sua compreensão da diferença entre contato e colonialismo em *Discurso sobre o colonialismo*. Ele escreve: "admito que é bom colocar diferentes civilizações em contato; que se casarem mundos diferentes é excelente; que uma civilização, qualquer que seja seu gênio íntimo, murcha ao dobrar-se sobre si mesma; que a troca aqui é oxigênio".[76] Cada civilização cresce e mantém sua diferença. Depois ele diz: "apresento a seguinte questão: a colonização realmente *pôs em contato*? Ou, se preferirem, de todas as formas de estabelecer contato, ela foi a melhor? Eu respondo: *não*".[77]

Bateson estava em contato com seus colegas do povo Iatmul – os líderes da Naven, cujas analíticas do equilíbrio social colocaram seu pensamento em movimento? Ou era uma relação colonial? Falando sobre o conceito batesoniano de duplo vínculo, Orit Halpern observa que "a formulação de Bateson sobre o duplo vínculo, as-

---

76 Aimé Césaire, *Discurso sobre o colonialismo*, trad. Claudio Willer. São Paulo: Veneta, 2020, p. 11.
77 Ibid.

sentado sobre seu próprio trabalho como etnógrafo na Papua-Nova Guiné e na Indonésia nas décadas de 1920 e 1930, de fato oferece um impressionante estudo de caso sobre as logísticas que enredaram as histórias disciplinares e coloniais a tecnologias hiperindividualizadas e personalizadas".[78] Para Bateson, pouco importa onde as mentes começam sua jornada de encontro com uma diferença que faz diferença, ou onde elas terminam. E, no entanto, sua própria teoria evidencia o fato de que, embora sob certa perspectiva todas as mentes estejam na mente biosférica, nem todas as mentes a apreendem igualmente. A mente possuía um ordenamento lógico baseado na quantidade e no nível de transformação padronizada que elas podem abocanhar.[79] A mente de Bateson possui padrões mais complexos que outras porque ele foi capaz de viajar entre terrenos complexamente distintos, era capacitado para tanto. Essas infraestruturas de diferença colonial não são suficientemente discutidas ou teorizadas em lugar nenhum. O que está em jogo não é meramente uma política de citação. Trata-se de uma política de orientação – de onde se coloca o esforço de atenção. Bateson talvez tenha levado mais a sério as fontes coloniais de seu pensamento do que Arendt. Mas para onde ele direciona os poderes de seu pensamento? O que atrai sua atenção e o que ele ajuda a trazer à existência, a suportar uma existência que convoca sua destruição?

Como Deleuze e Guattari, também Bateson. No lugar de Peirce, é seu colega pragmatista William James que precisa entrar nessa conversa. Muito antes de Bateson, James sugeriu que os conceitos mentais e toda a vida mental não estavam dentro da cabeça, mas em relação aos vastos emaranhados da vida social em toda a sua

---

78 Orit Halpern, "Schizophrenic Techniques: Cybernetics, the Human Sciences, and the Double Bind". *S&F*, v. 10, n. 3, 2012. Disponível on-line.

79 Por exemplo, o Critério 6 de Bateson diz: "A descrição e a classificação desses processos de transformação revelam uma hierarquia de tipos lógicos imanentes ao fenômeno". G. Bateson, *Mind and Nature*, op. cit., p. 92.

Fins tóxicos

padronagem. Visto que os conceitos mentais evoluíam a partir da diferença social, a fonte dos conceitos nunca seria encontrada escavando mais a fundo as diversas mentes em busca de formas cada vez mais abstratas. A distribuição e o poder de conceitos mentais refletem as distribuições e poderes do mundo social. A mente não está preenchida de sentido semântico abstrato, mas de um mundo social de energias distribuídas e habilidades para focar em tarefas. Colocar em palavras é colocar-se entre palavras, conformar um conceito que pode realizar o trabalho de articular ou desarticular um campo de forças. Conceitos mentais são mundos reais, com sua vasta e emergente multiplicidade. Como resultado, devemos colocar em primeiro plano as perguntas sobre os lugares onde os conceitos emergem, para quem ou para quê, e se eles podem suportar as condições de sua emergência. Existem bilhões de conceitos potenciais nos terrenos da existência estilhaçada que poderiam descrever melhor esse estilhaçamento, mas os estilhaços os exaurem antes que eles possam coagular. Nem todo mundo teve a habilidade de se livrar das diferenças dos outros sem se sentir obrigado a auxiliar nos esforços de intensificação das regiões de diferença.

Em segundo lugar, Bateson não está apenas examinando como mentes devoram a diferença de modo a expandir seu território; ele também está excluindo do movimento mental regiões inteiras de existência. Considerando a estrutura geontológica mais ampla de sua formação em zoologia, o que foi excluído não surpreende – a verdade não orgânica e analítica do vasto número de mundos humanos que não concordaram com a exclusão do não orgânico da vida mental. Embora a certa altura Bateson diga que "as linhas entre o homem, o computador e o ambiente são linhas puramente artificiais e fictícias", em outros momentos ele insiste que, sem uma mente humana, objetos como telescópios, brinquedos de corda, *softwares*, rochas, ventos e cadáveres não possuem mente.[80] São

---

80 Id., *Steps to an Ecology of Mind*, op. cit., p. 483.

meros objetos sujeitos à simples lei de causa e efeito. Bateson escreve: "A locomotiva de brinquedo pode se tornar parte do sistema mental que inclui o astrônomo e o seu telescópio. Mas os objetos não se transformam em subsistemas pensantes naquelas mentes maiores. Os critérios são úteis somente em combinação".[81] A necessidade de se diferenciar absolutamente da rocha é evidente. Se a mera sobrevivência é o que interessa, virar um granito, então, seria a melhor opção. Ele escreve: "Mas a forma como a rocha permanece no jogo é diferente da forma das coisas vivas. A rocha, pode-se dizer, resiste à mudança; ela se mantém em seu lugar, imutável. A coisa viva escapa à mudança, ou corrigindo a mudança, ou mudando a si mesma para adaptar-se à mudança, ou incorporando a mudança contínua em seu próprio ser".[82]

Se Bateson permanecia entrincheirado em uma estrutura geontológica insistente, ele também registrava os abalos sísmicos à medida que a toxicidade liberal tardia batia à porta para cobrar suas dívidas. Se uma diferença que faz diferença é crucial para a evolução e a ecologia da mente, certas diferenças podem ficar presas na garganta, causando asfixia. Enquanto Bateson tentava assentar sua hierarquia lógica na diferença fundamental entre mente (*bíos*, *self*, vida, padrão) e não mente (o inerte, o meramente maquínico, o geológico, ruído), as coisas continuavam a deslizar sobre seus alicerces. Máquinas não são mentes, mas a diferença é artificial porque a mente as apreendeu. Rochas estão fora da mente, mas colocá-las lá ameaça criar perigosas caixas-pretas nas quais escondemos contaminantes à vista de todos. Assim que Bateson separa o mecânico do mental, ele os junta de novo. Sua inabilidade para manter o controle geontológico sobre seu próprio sistema sugere que o povo das rochas se recusa a ser facilmente digerido, sem efeito, passando sem intercorrências. Essas pessoas entram em um sistema como um

---

81 Id., *Mind and Nature*, op. cit., p. 94.
82 Ibid., p. 103.

Fins tóxicos

câncer, um desarranjo estomacal, um vírus intestinal. Como Nick Estes observa em relação à longa tradição indígena na América do Norte de conservar a Turtle Island,[83] a liberdade é um lugar que não pode ser digerido pela lógica colonial de ocupação.[84]

---

83 Turtle Island [Ilha da Tartaruga] é o nome usada por várias culturas indígenas para se referir ao continente norte-americano. A Tartaruga é uma personagem significativa das cosmologias ameríndias da região. Hoje o termo é utilizado por comunidades indígenas e ativistas para reafirmar a identidade cultural e a soberania sobre suas terras. [N.E.]
84 Nick Estes, "'Freedom Is a Place': Long Traditions of Anti-colonial Resistance in Turtle Island". *Funambulist*, n. 20, nov.-dez. 2018. Disponível on-line.

5.

Fins conceituais

Solidariedade e teimosia

Finais

No decurso de um dia, é possível ouvir uma litania de finais: o fim da União Europeia; o fim da democracia liberal; o fim das revoltas progressistas de gênero, sexuais e raciais; o fim dos seres humanos; o fim do planeta. Os sonhos ocidentais parecem ter chegado ao fim de cada linha pela qual trafegaram desde a virada do século XVIII. Todos os livros que foram escritos com a pena do Iluminismo parecem agora capítulos de um enorme bloco de notas, com uma reviravolta inesperada na trama. Ao final não há arco-íris, nem reconhecimento mútuo universal, nem lei cosmopolita – apenas um penhasco íngreme. Os afetos e as imagens desse penhasco são múltiplos. Os afetos variam entre negação (Estados cristãos de direito, Donald Trump, Scott Morrison, Jair Bolsonaro), raiva (Extinction Rebellion) e esperança (tecnólogos do clima) e aceitação. As imagens mudam dos fins apoteóticos – uma mudança de fase na dimensão e poder de tsunamis e redemoinhos de fogo inimagináveis – para vidas póstumas deploráveis em que pessoas catam pedaços de si mesmas após o arrefecimento da tempestade e a debelação do incêndio. De fato, a imagem de um fim apoteótico parece esperançosa quando colocada ao lado de imagens da vida sob um nevoeiro tóxico. Afinal, nada acaba simplesmente. Nem mesmo o Livro do Iluminismo é incinerado; ele se deteriora lentamente à medida que é passado adiante, transformado em polpa, rasgado e utilizado como lenha ou papel higiênico, ou apodrece lentamente e se transforma em pó. Para agravar a situação, muitos dos grandes conceitos que fundamentavam e justificavam as instituições sociais e os discursos iluministas – agora sob o ataque de supremacistas e nativistas brancos, fanáticos religiosos, misóginos e homofóbicos – nunca foram pensados para servir pessoas negras, indígenas, *queer* e marginalizadas em geral. Democracia, liberalismo, ambientalismo, razão crítica: não podemos nos enganar, grupos progressistas e radicais têm feito uso desses discursos e instituições sociais há muito tempo. Basta olharmos para as políticas de reconhecimento, inclusão e expansão dos direitos humanos de um tipo de humano para outro e depois para os animais não humanos, os rios e a natureza.

Muitos ativistas que fizeram pressão a favor da expansão dos conceitos e das instituições liberais em uma política de inclusão sabiam que as instituições do liberalismo não foram criadas à sua imagem e para o seu benefício. Como mostra o trabalho de Dorceta E. Taylor, a elite protestante urbana, que fundou o movimento conservacionista estadunidense a partir de um imaginário explicitamente racista e colonial, absorveu sem reconhecê-las as contribuições das classes pobres e trabalhadoras, das pessoas de cor, mulheres e indígenas para a formulação de políticas sociais.[1] Um dos líderes mais poderosos desse movimento e fundador, em 1892, do Club Sierra, John Muir promovia o turismo branco para justificar a criação de parques nacionais protegidos pelo governo federal.

---

1 Dorceta E. Taylor, *Rise of the American Conservation Movement*: Power, Privilege and Environmental Protection. Durham: Duke University Press, 2015. Ver também Kyle P. Whyte, "Settler Colonialism, Ecology, and Environmental Injustice" (*Environment and Society*, n. 9, 2018); e J. M. Bacon, "Settler Colonialism as Eco--Social Structure and the Production of Colonial Ecological Violence" (*Environmental Sociology*, v. 5, n. 1, 2019).

Ele buscou tranquilizar seus leitores – para os quais a resistência indígena aos colonos estava ainda fresca na memória, pois a Batalha de Little Big Horn havia sido em 1872 – quando escreveu: "Com relação aos índios, a maioria está morta ou civilizada e reduzida à inocência inútil".[2] No fim dos anos 1970, um tipo específico de "índio" seria acolhido pela retórica ambientalista – aquele que adicionava valor romântico à paisagem para os colonos. Era só apertar os olhos um pouco para ver, além do horizonte, as minas escancaradas do capitalismo extrativista que rasgou o Sul Global e o norte indígena. Para além do romance, os indígenas se encontram hoje em um beco sem saída: abrir seus territórios para mais extração tóxica ou ver seus filhos sem comida e outros artigos. Além disso, quando grupos minoritários, os subalternos, os indígenas e os condenados da terra conseguiram forçar os defensores da exclusividade dos valores liberais democráticos a abrir suas portas, as instituições os marcaram como "incluídos". É como se no batente da porta houvesse um enorme marcador permanente que pintasse a cabeça de cada como um "incluído" para que todos possam ver. Essa marca de inclusão preserva a distinção original da brancura do liberalismo mesmo quando o liberalismo afirma ter se diversificado. Que escolha tinham? O ódio que surge no nosso entorno não vai nos ajudar mais do que essas instituições antigas. Na verdade, sabemos que será pior. Nunca é bom deixar o racismo, o sexismo e outras fobias à solta. Então aqui estamos, presos entre apoiar aquilo que nunca se dispôs a nos apoiar e bloquear uma maré crescente de crueldade xenofóbica.

Alguns de nós estão sobrevivendo a esse momento dizendo a si mesmos e aos outros que a maré sempre vira: "Sim, estamos em um desses momentos; precisamos nos recolher em nossa própria resistência e esperar melhorar", como se a história fosse um evento

---

2 Citado em Jedediah Purdy, "Environmentalism's Racist History". *New Yorker*, 13 ago. 2015. Disponível on-line.

Fins conceituais

climático, como se o clima fosse uma história, ou a história fosse nietzschiana no sentido do eterno retorno. Não é só que alguns de nós defendem instituições cujas funções nunca foram radicais e nunca foram nossas; mesmo que essa defesa fosse exitosa, não recomeçaríamos de onde paramos. Muitos temem que os fins que enfrentamos sejam irreversíveis: afinal, quando um tsunami retrocede, ele não deixa a terra da mesma forma que a encontrou. Todavia muitas pessoas e lugares nunca foram signatários dessa visão messiânica porque sabiam que, quando a maré vira, ela volta misturada com os contêiners incontíveis da toxicidade – barris de petróleo, fertilizantes, alga vermelha e assim por diante –, espalhando-os por toda parte. Sobre as substâncias químicas liberadas após os incêndios florestais, Sharon Bernstein escreve:

> Incêndios como aqueles que assolaram Paradise em novembro [de 2018] queimam milhares de quilos de fios, canos de plástico e outros materiais de construção, deixando substâncias perigosas no ar, no solo e na água. Tinta à base de chumbo, amianto queimado e até geladeiras derretidas de dezenas de milhares de casas somente se adicionam ao perigo, dizem especialistas em saúde pública.[3]

Algumas pessoas também sabem que o eterno retorno do liberalismo é mais da mesma toxicidade, porque já testemunharam isso muitas vezes. E eis o verdadeiro eterno retorno: quando volta, a maré sempre traz remanescentes de ações longínquas e aqueles que puseram essas toxinas em movimento são os que têm mais mobilidade para escapar. Como era antes, é também agora: os que possuem recursos para construir suas arcas são os que poderão começar de novo. Ou assim eles esperam – por isso os Elon Musk do mundo estão construindo bunkers e navios-foguete. Esperam resis-

---

3 Sharon Bernstein, "A Growing Problem after Wildfires: Toxic Chemicals". *Washington Post*, 9 abr. 2019.

tir às intempéries da Terra com a acumulação de milhões e trilhões. Muito provavelmente não virá um fim total, uma extinção global. Ao contrário, muitos experimentarão pela primeira vez esse tipo desagradável de continuidade que outros há muito tempo conhecem.

Este capítulo trata de conceitos e afetos políticos sob a sombra desse novo momento tóxico do *liberalismo tardio*. Começo por um conjunto de conceitos políticos (precariedade, solidariedade, possibilidade de luto e autonomia) para justapô-los a um outro conjunto (rejeitos, barreiras e desgaste). A ideia não é substituir o segundo conjunto de conceitos pelo primeiro, como se a ação política precisasse apenas das palavras certas. Em vez disso, quero sugerir o tipo de ideia estranha que talvez seja necessário se levarmos a sério a abordagem reformulada dos quatro axiomas da existência, a catástrofe por vir e a catástrofe ancestral, e o abalo do geontopoder que este livro vem examinando. Afirmo que, sejam quais forem os conceitos que formulemos, eles têm de *fazer alguma coisa*, mesmo que seja apenas indicar linguisticamente os campos materiais que existem atualmente, mas que estão fora do campo de visão da maioria das pessoas. Minha intenção é voltar ao início deste volume e argumentar que qualquer conceito político que surja dos axiomas da existência teria de fazer, no mínimo, o seguinte: primeiro, ir e vir entre as regiões da existência sem colapsá-las e transformá-las em uma coisa geral e em um espaço liso; segundo, resistir à utilização das qualidades e materialidades de uma região de existência para definir todas as outras; e terceiro, destacar a direcionalidade e os diferencias de poder que fazem algumas regiões parecerem mais valiosas que outras.

Para concretizar os desafios dessa discussão, este capítulo começa examinando uma virada política no movimento autonomista em direção à solidariedade com toda a vida. Em seguida analiso como essa solidariedade está sendo concretizada no reconhecimento de formações ecológicas enquanto pessoas legais e, nesse processo, contrabandeando para a existência imagens e conceitos

Fins conceituais

ocidentais. Concluo examinando de que modo conceitos como rejeito, barreiras e desgaste podem alterar e tornar estranho nosso imaginário político sem apagar os efeitos do braço comprido e implacável do colonialismo.

Solidariedades entre mundos arrasados

Vivemos um momento de antagonismos novos, abundantes e estranhos – o enfrentamento entre seres humanos e natureza, entre sociedades e naturezas, entre espécies entrelaçadas e os sistemas geológicos, ecológicos e meteorológicos que as sustentam. Karl Marx pensava que a dialética social levaria à purificação da oposição fundamental entre as classes humanas, mas hoje muitos acreditam que a nova guerra do mundo se define pelo antagonismo entre os seres humanos e todas as outras classes de existência. As mudanças climáticas e as toxidades antropogênicas criaram problemas e atritos éticos, políticos e conceituais revolucionários. Mas e se o problema das catástrofes climáticas e tóxicas desencadeou um problema bem mais complexo e estranho? E se uma das consequências conceituais dessas catástrofes não for a inexistência humana no futuro, mas o fato de que nunca existiram humanos como o Iluminismo ocidental – e seu rebento, o liberalismo – os imaginou? E se não existisse o humano, não houvesse nenhum humano, mas apenas modos de existir e formas mais ou menos densamente compactadas regionalmente das quais apenas um componente é abstraído e chamado de "humano"? E se essas regiões de existência estiverem se desgaseificando, de forma que produzem a si mesmas como seus próprios rejeitos?

Essas questões talvez pareçam menos estranhas se imaginarmos, ao modo de Alexander Dunst e Stefan Schlensag, o escritor de ficção científica Philip K. Dick participando de um simpósio da União Internacional das Ciências Geológicas, tendo sido convocado para decidir se o Holoceno terminou e, se sim, como marcar o começo da nova e última era do humano.[4] E se, ao lado dele, colocarmos representantes do movimento político italiano comumente denominado "autonomismo", como Franco "Bifo" Berardi. Dick e Berardi podem erguer a voz acima do ruído produzido pelo discurso científico e exigir medidas baseadas na solidariedade com todas as formas de vida. Não que as propostas de um e outro sejam as mesmas. Dick talvez rabisque num quadro branco novos agenciamentos que distendam radicalmente o corpo humano em seu ambiente, com o surgimento de outros invólucros espectrais de existência, cada um reivindicado uma parte do corpo humano como órgão interno. Para além do chiado estridente do marcador sobre o quadro, Berardi pode demandar que o humano abstrato citado continuamente em discussões acerca do Antropoceno seja denunciado como uma ilusão da nossa época – que não existe o humano, apenas várias formas de existência humana presas no maquinário informacional do capital contemporâneo que extrai trabalho corpóreo e desejo psíquico de alguns em benefício de outros.

Agora imaginemos que nesse momento outros aglomerados de existência entrem pela porta. Podemos listar alguns pelo nome. Indígenas vivendo sob o liberalismo de ocupação, formações de rocha e areia, riachos, jovens europeus e sírios que nunca tiveram e nunca terão emprego e dezenas de milhares de espécies ameaçadas de extinção presentes na lista vermelha da União Internacional para a Conservação da Natureza. Representantes desses grupos talvez tenham sido convidados para o simpósio. Mas, quando entram no amplo saguão, começam a se perguntar de que modo eles se encaixam no antagonismo dominante. Como observa Glen Coulthard sobre as Primeiras Nações no Canadá e os indígenas na Austrália,

---

4 Ver Alexander Dunst e Stefan Schlensag, *World According to Philip K. Dick*. New York: Palgrave Macmillan, 2015; Prue Gibson, "Machinic Interagency and Co-Evolution". *M/C Journal*, v. 16, n. 6, 2013. Disponível on-line.

Fins conceituais

a despossessão de terras não foi seguida de proletarização, consequentemente os indígenas na Austrália nunca foram trabalhadores precarizados.[5] Os poderes coloniais invasores os consideravam remanescentes da Idade da Pedra e não calculavam seu trabalho dentro da força de trabalho, mesmo quando utilizavam seus corpos e se apropriavam de suas terras, introduzindo novas espécies nelas, envenenando-as com substâncias tóxicas e radioativas. Outros representantes não comparecerão ao simpósio, talvez por tédio ou desinteresse pelo formato das reuniões, ou talvez porque saibam que são convidados simplesmente como álibi para decisões que serão tomadas mesmo sem a presença deles. Eles ficam em casa e fazem coisas que não são interpretadas como ações políticas, porque não são gerais, não são universalizáveis, não são baseadas em classe, não são utópicas nem práticas – se "prático" significa que a vida deles melhorará com essas ações. Outros talvez não tenham sido convidados porque, afinal, qual o endereço das rochas e dos leitos dos rios? Eles podem ser tratados por "você", ou seja, segundo as estruturas demandantes da linguagem (humana)? Podem aceitar ou recusar adotar a subjetividade da linguagem (humana)? Seriam beneficiados com o poder de exigir uma mudança na morfologia humana? E se disserem à organização do simpósio: "Vocês querem que nos juntemos aos esforços para salvar o planeta que vocês fizeram? Então precisam aprender a se tornar ininteligíveis para si mesmos, adaptando-se à nossa inteligibilidade". Sabem que é improvável que os organizadores humanos encarem o desafio, então mantêm-se precariamente autônomos, apartados da ordem de participar da resolução da catástrofe por vir. Além disso, rochas, areia

---

5 Coulthard argumenta que, embora o cercamento do comum europeu produziu o proletariado, na relação nativo-colonial havia apenas despossessão de terras sem o processo paralelo de proletarização. Ver Glen Coulthard, *Red Skin, White Masks: Rejecting the Colonial Politics of Recognition*. Minneapolis: University of Minnesota Press, 2014.

e leitos de rio têm poucos motivos para se preocupar – eles não vão a lugar nenhum.

Em meio a essa cacofonia, Berardi e outros propõem novas formas de solidariedade progressista de esquerda.[6] Somando-se ao trabalho de Mario Tronti, autonomistas como Antonio Negri e Berardi partem do pressuposto de que as lutas da classe trabalhadora antecedem e anunciam as formações e as estratégias em desenvolvimento do capital. Essa dinâmica estava presente nas lutas autonomistas dos anos 1960. Os trabalhadores recusaram a premissa organizacional e filosófica do capitalismo corporativo e dos sindicatos (inclusive marxistas), ambos os quais reduziam o valor da vida humana à força de trabalho. Quando o operaísmo desenvolveu novas táticas para minar as condições de trabalho – absenteísmo, greves selvagens, *bossnapping* –, ele não estava lutando por melhores contratos ou para que a força de trabalho fosse reconhecida enquanto tal. Mais profundamente, estava recusando a subsunção da vida, do desejo e da felicidade ao domínio da força de trabalho, tanto à esquerda quanto à direita.[7] Estava se libertando tanto do capitalismo quanto do marxismo economicista e embarcando num voo que decolava

---

6 Como observa Timothy S. Murphy, o foco de Mario Tronti na subjetividade do trabalhador "enquanto fenômeno ativo, mas historicamente variável, separou imediatamente o operaísmo tanto do humanismo trans-histórico abstrato de Erich Fromm e György Lukács, então dominantes entre os marxistas ocidentais, quanto do antissubjetivismo de outras linhagens importante do marxismo teórico que emergiram no pós-guerra, a dialética negativa da Escola de Frankfurt e o estruturalismo de Louis Althusser, que efetivamente despiram a subjetividade trabalhadora de qualquer agência possível na transformação social / política. A análise de Max Horkheimer e T. W. Adorno sobre a 'vida administrada' em obras como *Dialética do Esclarecimento* (1944) enfatizava até que ponto a formação da subjetividade no capitalismo avançado foi pré-programada e controlada". Timothy S. Murphy, "The Workerist Matrix: Introduction to Mario Tronti's Worker and Capital and Massimo Cacciari's 'Confrontation with Heidegger". *Genre*, v. 43, n. 3-4, 2010, p. 331.

7 Notoriamente isso provocou atrito com sindicalistas e capitalistas nos anos 1960 e 1970. Por isso, como Deleuze e Guattari, Berardi se preocupa que a esquizoanálise seja rapidamente colapsada em uma estrutura marxista-leninista. Ver

Fins conceituais

da identidade de classe interior e da identificação com as dialéticas do capital.[8] Recusando ser definido pela dialética do capital e sua abstração da força de trabalho humana, o operaísmo buscou explorar novas formas e modos de existir. Resumindo, o autonomismo convocava uma revolta da alma que recusava "o campo da falta" que havia "produzido a filosofia dialética, sob a qual a política do século xx havia construído seus (in)fortúnios".[9] O movimento defendia as práticas poéticas dos de *outra maneira* [*otherwise*] – uma política que deixou em aberto o conteúdo e o destino do ser humano ao removê-lo da captura da teleologia do capital. O capital e a força de trabalho não seriam mais o antagonismo por meio do qual o trabalho crítico da análise de classe seria compreendido.

Mas ter autonomia em relação à dialética do capital e do trabalho não significa ser removido da história do capital. Significa estar relacionado diferentemente ao capitalismo. Os capitalistas não permaneceram sentados pacificamente enquanto seus colegas e familiares estavam sendo sequestrados e suas linhas de produção eram sabotadas. Eles, seus sindicatos e seus aliados estatais responderam de forma agressiva e criativa ao desafio autonomista. Berardi conta parte dessa história observando que a emergência de uma recusa autonomista europeia em subjugar a vida à força de trabalho ajudou a acelerar a substituição tecnológica dos trabalhadores por *software* e máquinas pós-cibernéticas, a ascensão da desregulamentação e do neoliberalismo, a reorganização das relações entre economia e sociedade por meio da absorção de benefícios sociais pelos mer-

---

Michael Hardt, *Gilles Deleuze: An Apprenticeship in Philosophy*. Minneapolis: University of Minnesota Press, 1993.

8 "Aqui, como em todo produto subsequente clássico do pensamento econômico, tudo que acontece dentro da classe trabalhadora se apresenta como algo que acontece dentro do capital." Mario Tronti, *Workers and Capital* [1966], trans. David Broder. London: Verso, 2019, p. 283.

9 Franco Berardi, *The Soul at Work: From Alienation to Autonomy*, trans. Francesca Cadel. Cambridge: MIT Press, 2009, p. 176.

cados e a subsequente desorganização das coordenadas do discurso crítico da esquerda.[10] Esses acontecimentos tecnológicos e sociais, por sua vez, trouxeram desafios ao modo como a esquerda autonomista conceitualizava a revolta e as conversas que eles fomentavam. Berardi, como muitos outros autonomistas italianos, fugiram para a França, protegidos pela doutrina Mitterrand.[11] Seu trabalho com a Rádio Alice e sua amizade com Félix Guattari possibilitaram novos entendimentos sobre os antagonismos do semiocapitalismo.[12]

Berardi, Guattari, Negri e outros compreendiam o semiocapitalismo (ou o capital informacional) como um novo modo de capitalismo em que signos imateriais e desejo são os objetos principais da produção e da expropriação capitalista.[13] O capital não requer o esforço físico dos trabalhadores em um sentido clássico, mas o coração desejante de seres humanos – e não apenas aquilo que sabemos que desejamos, mas aquilo que não sabemos que desejamos até que quantidades maciças de dados armazenados são redirecionadas para uma tendência imanente. Essa forma de capitalismo certamente reflete a guinada geral do capital na produção pós-fordista neoliberal para a produção individualizada just-*in-time* do consumo obsoleto. E com o aporte de uma enorme infraestrutura material. O que Berardi argumenta ser novo no semiocapitalismo é a habilidade do capitalismo digital de dispersar e coordenar processos laborais, ao mesmo tempo que cria novas formas de *commodities*, não apenas *commodities* desejáveis, mas o desejo como *commodity*. Berardi escreve:

---

10 Ibid., p. 186.

11 Para a linguagem da doutrina, ver Emmanuel Pierrat, *Antimanuel de droit.* Rome: Bréal, 2007, p. 192.

12 F. Berardi, *Félix Guattari: Thought, Friendship, and Visionary Cartography*, transl. Giuseppina Mecchia e Charles Stivale. New York: Palgrave Macmillan, 2008.

13 Id., *Depois do futuro*, trad. Regina Silva. São Paulo: Ubu Editora, 2018. Ver também "Cognitarian Subjectivation". *e-flux Journal*, v. 20, n. 11, 2010. Disponível on-line.

Fins conceituais

A transformação digital começou dois processos distintos, porém integrados. O primeiro é a captura do trabalho dentro da rede, o que significa a coordenação de diferentes fragmentos de trabalho em um fluxo singular de informação e produção tornados possíveis pelas infraestruturas digitais. O segundo é a dispersão do processo de trabalho em uma multitude de ilhas produtivas que formalmente são autônomas, mas que na verdade são coordenadas e, em última instância, dependentes.[14]

Mas o que preocupa Berardi não são apenas as diferenças significativas entre novas e velhas formas de *commodities* digitais e não digitais, mas o soerguimento constante dos fundamentos da luta autonomista. O operaísmo disse não à redução do valor humano à força de trabalho e sim "à qualidade de vida, ao prazer e à dor, à autorrealização e ao respeito pela diversidade: o desejo como motor da ação coletiva".[15] O semiocapitalismo capitaliza exatamente esse objetivo operaísta. Ele busca alinhar algoritmos perfeitamente digitais aos ritmos de vida e trabalho. Em qualquer lugar, a qualquer hora, você pode (mas não precisa) ir direto à sua cesta de compras digital, simplesmente ter amigos como se têm desejos, buscar informação, pensar, postar uma foto ou falar no Snapchat. Berardi percebe que essas megacorporações digitais estão ultrapassando a força de trabalho e adentrando a força da alma – uma espiritofagia.[16] Algoritmos antecipatórios galopam à frente da atividade *in-time* – terminando nossas frases, mas também criando e alimentando nossas predileções ideológicas –, mesmo quando novas formas de trabalho informacional colocam novas "linhas de fuga" sob a sua mira. Para Berardi, a previsão de Jean Baudrillard para a era vindoura dos simulacros se tornou real:

---

14 Id., *The Soul at Work*, op. cit., p. 88.
15 Ibid., p. 93.
16 M. Hardt e A. Negri, *Império*, trad. Berilo Vargas. Rio de Janeiro: Record, 2001.

Viveremos neste mundo, que para nós possui a estranheza inquietante do deserto e do simulacro, com toda a veracidade dos fantasmas vivos, dos animais errantes e simulantes, em que a morte do capital nos transformou – porque o deserto das cidades é igual ao deserto de areia – a selva de signos é igual àquela das florestas – a vertigem dos simulacros é igual à vertigem da natureza – apenas a sedução vertiginosa de um sistema agonizante permanece, trabalho enterrando trabalho, valor enterrando valor – deixando um espaços sagrado e virgem sem caminhos, contínuo, como queria Bataille, onde apenas o vento ergue a areia, onde somente o vento guarda a areia.[17]

Para Berardi, o telefone celular é o elemento conectivo, a todo momento coordenando e localizando em tempo real, com uma facilidade tão desimpedida que o trabalho fornecido ao capitalismo informacional nunca é vivenciado ou recusado. Paradoxalmente, talvez, a natureza desimpedida da comunicação cria uma dinâmica de reforço entre o desejo de se conectar e a ansiedade de estar desconectado, mesmo que os fragmentos mais ínfimos de comentários que enviamos pelo celular – inclusive a atenção que damos a um site sem enviar nenhum tipo de informação – sejam absorvidos por uma máquina de produção de informação.[18] O Coletivo de Cinema Karrabing ridiculariza essa percepção em *Day in the Life* [Um dia na vida], no segmento "Lunch Run". Incumbido de buscar um jovem em uma praia local, um grupo de crianças é perseguido por um ser ancestral que espera hipnotizá-las e atraí-las para o mato. Sem conseguir fazer com que elas olhem em seus olhos, por estarem abduzidas por seus celulares, o ser ancestral consegue finalmente tentá-las com um novo iPhone 10.

Dentro dessas novas topologias do capitalismo, o que é o ser humano? Onde está? É carne no interior de neurônios cercados de

---

17 Jean Baudrillard, *Simulacra and Simulation*. Paris: Éditions Galilée, 1981.
18 F. Berardi, *The Soul at Work*, op. cit., p. 88-90.

Fins conceituais

metal resfriado por várias matrizes cujo poder é gerado por redes ainda mais vastas de produção de energia? O ser humano no semiocapital está inserido no vazamento de corporeidades que ocorre à medida que toda a existência é direcionada para extrair e sustentar a acumulação de capital informacional.[19] Tudo é multiplicado, distendido, sintonizado e corporificado. E esse "onde está isso / eu?" é então descorporificado na imagem da nuvem digital, que disputa de igual para igual com o ser humano antropocênico o lugar de ilusão da nossa época.[20] De que forma podemos "construir formas de solidariedade social que sejam capazes de reativar o corpo social" diante da subjugação competitiva e agressiva de todas as formas de existência no contexto da "agressividade competitiva" do capital contemporâneo?[21] Quem são os antagonistas? Se o autonomismo pretende sobreviver nesse novo clima, argumenta Berardi, ele deve trabalhar para reconfigurar a multitude de posições nos agenciamentos operantes do capital cognitivo e liberar a alma do trabalho do capital. Trabalhadores não são apenas os trabalhadores precarizados das fábricas de conhecimento no Vale do Silício, mas todos nós, dispersos e fragmentados, dentro e por meio dos quais o desejo de informação é produzido, elaborado, amplificado, distribuído e consumido. Esse vasto agenciamento inclui geólogos, geneticistas, bioquímicos, mineiros, desenvolvedores de *software*, biocircuitos,

---

19 Por exemplo, ver Nikolas Rose, *The Politics of Life Itself: Biomedicine, Power, and Subjectivity in the Twenty-First Century* (Princeton: Princeton University Press, 2006); Sunder Rajan, *Biocapital: The Constitution of Postgenomic Life* (Durham: Duke University Press, 2006); Melinda Cooper, *Life as Surplus: Biotechnology and Capitalism in the Neoliberal Era* (Seattle: University of Washington Press, 2008).

20 Por exemplo, ver Allison Carruth, "The Digital Cloud and the Micropolitics of Energy". *Public Culture*, v. 26, n. 2, 2014; Nicole Starosielski, "'Warning: Do Not Dig'. Negotiating the Visibility of Critical Infrastructures". *Journal of Visual Culture*, v. 11, n. 1, 2012; Gökçe Günel, *Spaceship in the Desert: Energy, Climate Change, and Urban Design in Abu Dhabi*. Durham: Duke University Press, 2019.

21 David Hugill e Elise Thorburn, "Interview with 'Bifo': Reactivating the Social Body in Insurrectionary Times". *Berkeley Planning Journal*, n. 25, 2012, p. 213.

algoritmos, locais de armazenamento de dados, ares-condicionados, satélites, dedos humanos e telas feitas de metais de terras raras, leis de apropriação de gás e minérios, navios e canais para navios, a vida e as toxicidades prolíficas carregadas e descarregadas no lastro que cruza territórios, afunda nos solos, é ingerido pela água, e assim por diante. Quais conceitos poderão atravessar e articular esse agenciamento?

Certamente, dependendo de quem você é e por onde tem andado, o chamado à solidariedade com a existência não humana não é resultado de uma nova etapa do capitalismo. Por exemplo, se você é Dene ou Karrabing, a relação cossubstantiva entre regiões e formas de existência é o principal argumento – frequentemente letal – contra o capitalismo extrativo colonial. Em 1996, um ano após o escritor e ativista político e ambiental nigeriano Ken Saro-Wiwa ser executado por tentar proteger as terras, os ancestrais e os espíritos ogoni contra a devastação causada pela Shell Oil e por seus aliados militares e paramilitares, a Amazon.com abriu as portas na web (que ainda estava em seus primórdios). Então vamos ler o melhor de Berardi. Afinal, ele não diz que o semiocapitalismo é um momento do desdobramento interno do capitalismo; trata-se de uma reação a ações históricas específicas e suas consequências previstas e imprevistas. Mesmo se o capitalismo se livrasse por completo do trabalho humano em prol do trabalho maquínico, o trabalho maquínico ligaria o capitalismo mais profundamente ao seu maquinário extrativo. Mesmo um capitalismo de manufatura inteiramente automatizada, no qual máquinas fazem máquinas para fazer máquinas para vender, ele precisa extrair material para a automatização de primeira, segunda e terceira ordens. Desse modo podemos ver uma conexão entre o chamado de Berardi à solidariedade entre todas as formas de vida e a emergência de designações legais de pessoa para o mundo mais-que-humano.

Fins conceituais

A personificação da existência

Desde 2010, juristas indígenas e não indígenas, em aliança com ativistas indígenas, têm buscado mobilizar o conceito legal de pessoa e articular uma nova aliança entre formas humanas e não humanas de existência. Se corporações podem ser pessoas legais, por que outros coletivos abstratos não poderiam também? Por exemplo, rios foram declarados pessoas legais no Chile, na Nova Zelândia e na Índia. As esperanças políticas por trás dessas personificações são notórias – conceder o estatuto de pessoa a rios e outras entidades ecológicas é uma estratégia para diminuir a velocidade do aparelho capitalista extrativo. A pergunta mudou de um argumento técnico legal – "Um rio pode ser uma pessoa?" – para uma discussão política mais ampla – "O que acontece quando absorvemos rios e outras formas de existência nos conceitos de pessoa e Vida subjacentes à personalidade ocidental?". O que acontece com uma região da existência quando ela é transformada em uma pessoa dentro da estrutura legal liberal? Ou ainda, o que começamos a fazer e do que começamos a cuidar quando transformamos regiões em pessoas?

Embora muitos vejam essa inovação legal como representativa do que há de mais inovador na lei ambiental contemporânea, existe uma abordagem similar na Austrália desde o fim dos anos 1970. Se quisermos olhar para um dos futuros possíveis dessas intervenções legais, talvez não exista nada melhor para observar do que *o presente ancestral* do tratamento de locais sagrados no Território do Norte, na Austrália, onde uma agência estatal, a Autoridade de Proteção de Áreas Aborígenes, registra e protege entidades naturais há mais de quarenta anos. A lei de Terras Aborígenes e Locais Sagrados (Território do Norte), de 1977, foi a primeira lei implementada para proteger locais sagrados no Território do Norte. Ela foi proposta sob os termos da Seção 73(1) da Lei dos Direitos à Terra, criando duas categorias de locais sagrados: os que pertencem aos fundos fundiários aborígenes ou plena propriedade aborígene, e os que não pertencem aos fundos fundiários aborígenes ou plena propriedade aborígene. Ao mesmo tempo, inúmeros conselhos de terra foram criados sob os termos da Seção 21(1) da Lei dos Direitos à Terra; sua função é resolver reivindicações de terra em prol dos "proprietários aborígenes tradicionais" e depois administrar as terras desses fundos.

A história da lei relativa aos locais sagrados poderia sugerir um empoderamento progressivo dos povos indígenas, que passariam a controlar não apenas suas terras, como também os termos pelos quais a terra é conceitualizada. A primeira versão da lei concedeu poderes limitados aos guardiães indígenas para salvaguardar esses locais em fundos fundiários e propriedades aborígenes, mas ainda assim os guardiães podiam fazer muito pouco para proteger os locais fora dessas áreas, a não ser requerer proteção ao administrador. Quando o Território do Norte conquistou o autogoverno em 1978, uma versão mais dura da lei foi aprovada pela Assembleia Legislativa. A Lei dos Locais Sagrados Aborígenes (Território do Norte) foi promulgada em novembro de 1978 e levou à criação da Autoridade dos Locais Sagrados Aborígenes um ano depois, antecedendo o que é hoje a Autoridade de Proteção de Áreas Aborígenes.

Embora burocraticamente separada dos conselhos de terra, as leis sobre os locais sagrados remete a uma genealogia comum à Lei dos Direitos à Terra. Como observei nos capítulos 3 e 4, a Lei dos Direitos à Terra veio à luz depois de décadas de recusa incessante dos povos indígenas de ceder suas terras e analíticas de existência, intensificadas por uma série de escândalos públicos ao redor dessa recusa – a controvérsia da serra Warburton em 1950, quando se descobriu que os povos Wongi, Pitjantjatjara, Anangu e Ngaanyatjarra estavam morando em uma área de teste nucleares; as petições dos Yirrkala, que foram escritas em casca de árvore e pediam o reconhecimento das terras yolngu tomadas pela mineração; e a greve de Wave Hill, em 1966, quando os Gurindji se recusaram a trabalhar em troca de comida nas fazendas de gado instaladas em suas terras. Essas recusas e escândalos constantes suscitaram reações por

Fins conceituais

parte do Estado, naquilo que Audra Simpson chamou de reações contrassoberanas, entre as quais o referendo de 1967, o inquérito Woodward e a Lei dos Direitos à Terra.[22]

A Lei dos Direitos à Terra estabelece mecanismos para que os povos indígenas reivindiquem suas terras, bem como a estrutura burocrática dessas reivindicações e (se bem-sucedidas) a administração dessas terras. Como sempre, uma série de definições precede o corpo principal da lei:

> Terra aborígene significa (a) terra possuída por um fundo fundiário para um lote de propriedade absoluta; ou (b) terra sujeita a um ato de concessão mantida por um Conselho de Terras.
>
> Tradição aborígene significa um conjunto de tradições, práticas, costumes e crenças de aborígenes, comunidade ou grupo de aborígenes, e considera a aplicação dessas tradições, práticas, costumes e crenças em relação a pessoas, locais, regiões, coisas ou relações específicas.
>
> Donos aborígenes originários, em relação à terra, significa um grupo descendente local que (a) possui filiações espirituais comuns com um local na terra, filiações que situam o grupo sob uma responsabilidade espiritual primária pelo local e pela terra; e (b) têm a permissão, por tradição aborígene, de coletar naquela terra como um direito sobre ela.
>
> Local sagrado significa um local que é sagrado para os aborígenes ou tem alguma relevância para a tradição aborígene; inclui qualquer terra que, segundo a lei do Território do Norte, é declarada sagrada para os aborígenes ou relevante de acordo com as tradições aborígenes.[23]

---

22 Audra Simpson, *Mohawk Interruptus: Political Life at the Border of Settler States*. Durham: Duke University Press, 2016.

23 Aboriginal Land Right (Northern Territory) Act, parte I, seção 3.

Como foi discutido no capítulo 3, essas definições e, de modo geral, a lei colonial de reconhecimento foram subsumidas pelo imaginário das formas ocidentais de soberania e não pelas analíticas indígenas das relações que subtendem a si mesmas e ao mundo mais-que-humano. Além disso, as analíticas indígenas foram absorvidas pelas leis das geontologias ocidentais como condição para o reconhecimento estatal. Tal qual Berardi, que compreende que a forma do capitalismo responde aos desafios operaístas, nós devemos entender o Estado colonial de ocupação como aquilo que inova constantemente, buscando manter sua soberania diante dos desafios colocados pelos indígenas. Enquanto os povos indígenas asseveram com êxito sua soberania preexistente, o capital e o Estado não ficam passivos; eles intervêm nas relações sociais de produção. Portanto, um dos propósitos da legislação relativa aos pleitos de terra era criar uma entidade (o dono aborígene tradicional, o grupo descendente local, o local sagrado) que qualquer pessoa, independentemente de seu conhecimento ou compreensão das leis indígenas locais – e as práticas e analíticas que sustentam essas leis –, poderia discernir facilmente. O procedimento para produzir essa entidade passível de abstração, assim como a produção do grupo social abstraído ao qual ela pertence, funciona, de um lado, por meio da definição de "dono aborígene tradicional". Em primeiro lugar, esse grupo social, o dono aborígene tradicional, é criado pela aplicação do princípio de descendência biológica que for considerado relevante localmente – patrilinear, matrilinear, bilateral. Os comissários e os braços burocráticos dos conselhos da terra aplicam esses princípios biológicos redutivos como se outras formas de relações entre humanos e mais-que-humanos, construídas por meio de interações contínuas entre si e com lugares específicos, fossem irrelevantes. O Estado não precisa perguntar quem sabe mais ou menos, passou mais ou menos tempo em um lugar, é mais ou menos orientado por seu conhecimento ritual, ou está mais ou menos propenso a sujeitar a terra ao capitalismo extrativo. Na verdade, as corporações

Fins conceituais

buscavam ativamente os donos aborígenes originários apontados pelo Estado que sabem muito pouco da terra ou a pensam como propriedade.[24] O Conselho das Terras do Norte vem tomando medidas similares em relação aos seus próprios consultores, indicando antropólogos para supervisionar reivindicações com base em sua ignorância sobre as condições locais – conselhos de terra chamam essa ignorância de "objetividade". A segunda intervenção procedimental é a maneira pela qual relações sociais indígenas são transformadas por meio da definição de terra. Embora nada na Lei dos Direitos à Terra determine que a "terra aborígene" seja definida com base em fronteiras rígidas entre terras de diferentes grupos (como nações), a prática do reconhecimento à terra tem funcionado, cada vez mais, para criar cercas virtuais entre territórios indígenas. Essas fronteiras são consideradas cruciais para a absorção da terra pela prática do capital – estabelecer quem recebe os *royalties* da expropriação dos bens e valores de cada terra.

Embora mais receptivos às outras vozes que podem e devem falar por um lugar, a Autoridade de Proteção de Áreas Aborígenes enfrenta pressões estatais similares para criar objetos parecidos a pessoas quando povos indígenas requerem o registro de seus locais sagrados. Para demonstrar como isso acontece, volto a um exemplo que discuti em *Geontologias* – o local sagrado das Duas Mulheres Sentadas, localizado ao norte do córrego Tennant, acolhido e cuidado pelo povo Kunapa. A Autoridade de Proteção de Áreas Aborígenes levou a empresa de mineração OM Holdings ao tribunal pela profanação do local. Em sua sanha pelo manganês, que constitui o sangue das duas mulheres, a rata e a bandicota que brigaram ali, a OM Holdings cavou tão profundamente, tão incisivamente sob as fronteiras do local, que ela comprometeu a integridade estrutural da área. Parte das Duas Mulheres Sentadas rolou desfiladeiro abaixo.

---

24 Ver, por exemplo, E. A. Povinelli, *The Cunning of Recognition: Indigenous Alterity and the Making of Australian Multiculturalism*. Durham: Duke University Press, 2002.

Em *Geontologias*, enfatizei a distinção entre o processo tal qual ele ocorreu, baseado no conceito de profanação, e um processo imaginário, baseado nos conceitos de assassinato e tentativa de assassinato.

Aqui quero entender se os inúmeros protagonistas e antagonistas podem ser compreendidos por meio dos quadros de guerra propostos por Judith Butler. Ou, dito de outro modo, o que acontece quando criamos solidariedade entre humanos e mais-que--humanos por meio da ideia de pessoa humana? À primeira vista essa aplicação parece facilmente realizável. Aceitando o conceito de Berardi, poderíamos compreender a precariedade como algo que se aplica aos vastos agenciamentos e aos vários nós que compõem o semiocapitalismo, e tomar as Duas Mulheres Sentadas como um exemplo evidente desses agenciamentos e nós. Respeitar, no entanto, o trabalho que Butler está tentando fazer significa reconhecer o humanismo subjacente à sua abordagem da precariedade, ancorada na condição de ser passível de luto. Para Butler, o que permite o reconhecimento que atravessa as diferenças da guerra é a vulnerabilidade partilhada que caracteriza, ontologicamente, a vida humana. Porque todos os seres humanos nascem vulneráveis e sob cuidados alheios, eles podem reconhecer essa vulnerabilidade em outros, assim como a injustiça da distribuição da vulnerabilidade social – o modo como uma condição ontologicamente partilhada é intensificada ou diminuída socialmente. De acordo como esse modelo, rochas não partilham dessas condições ontológicas; embora possamos realizar o luto de sua desaparição, só podemos fazer isso atravessando uma clivagem da existência – da perspectiva do "como se", como se elas fossem como nós, embora não sejam.

Grande parte desse movimento para conceder o estatuto legal de pessoa a entidades naturais consiste em tentar construir uma ponte para esse *como se*. Enquanto nos preparamos para atravessar a ponte com os membros desse movimento, direcionemos nossa atenção não para o que a OM Holdings fez de errado, mas para o que ela fez de certo, de acordo com a lei das pessoas. A OM Holdings "reconheceu" que as Duas Mulheres Sentadas eram formadas por duas pessoas, a rata e a bandicota, modificando sua prática em relação à sua pele. A empresa não avançou nenhum milímetro sobre o local, e não foi acusada de fazer isso. Ela foi acusada de inviabilizar intencionalmente o local ao não providenciar uma estrutura arquitetônica para substituir a estrutura geológica da qual dependiam as duas mulheres. Dito de outro modo, a OM Holdings foi acusada porque sabia que as Duas Mulheres Sentadas eram sustentadas naquele lugar por forças geológicas externas a ela. Quem saberia melhor disso do que uma mineradora multinacional, cujo trabalho depende de geólogos e engenheiros de minas?

Mas qual era, em primeiro lugar, o motivo para que as Duas Mulheres Sentadas possuíssem uma pele (uma fronteira que define onde ela começa e onde termina)? E se, como sugiro no começo deste capítulo, os seres humanos fossem moldados à imagem de outras formas e regiões de existência, em vez do contrário? E se o sangue de manganês permanecesse sendo parte dessas mulheres, independentemente de a OM Holdings assumir isso ou não, independentemente de ele ser levado para a China para ser usado em fundições ou não, e independentemente de ele voltar à região na forma de poluição industrial ou mudança climática? Por que o sangue derramado não é parte da pessoa? Para obter respostas, é só olhar a burocracia da lei de pessoas. A Autoridade de Proteção de Áreas Aborígenes deve definir as fronteiras e os limites de cada local que donos e guardiães indígenas querem registrar. Há uma regra geral em torno desses limites: eles precisam refletir o formato do local e não podem se afastar mais do que cem metros dos principais elementos do local. Um local pode ter seu próprio espaço, mas esse espaço precisa se conformar àquilo que um agente vivo, uma pessoa, significa dentro das leis e dos imaginários ocidentais. A Lei dos Direitos à Terra e a Autoridade de Proteção de Áreas Aborígenes devem refutar os pleitos por reconhecimento de locais sagrados enquanto presenças ancestrais na terra, exigindo que essa presença ancestral se manifeste na forma de coisas vivas tal como entendidas pelo pensamento ocidental.

Juristas e ativistas não são ingênuos. Longe de ser uma panaceia, os benefícios de se atribuir estatuto de pessoa a rios e outras entidades ecológicas constituem uma estratégia para conceder reconhecimento legal à natureza. O que acho que as pessoas querem dizer com isso é que, dadas as condições dominantes do capitalismo extrativo de consumo no horizonte do colapso climático antropogênico, atribuir estatuto de pessoa aos rios é uma tática para limitar e delimitar o modo como o capitalismo e seus aliados podem fazer uso da terra. É fácil encontrar ensaios e comentários jurídicos que reconhecem as tradições indígenas como inspiração para essa manobra inovadora de declarar rios, árvores e outros elementos pessoas juridicamente existentes. Sinceramente, eu apoio qualquer meio possível para adiar, retardar e desviar a Estrela da Morte do capitalismo extrativo e industrial, que escava, represa e destrói as terras indígenas e mais um pedaço do planeta.

Se essa é a meta, o que esse estudo de caso sugere? Em primeiro lugar, pessoas não são pessoas, o que significa que, quando os Kunapa ou os Karrabing apontam para um Sonhar (totem) e dizem: "Isso é parte de mim; se for machucado, vou adoecer ou morrer", eles querem dizer que o lugar demanda uma atentividade contínua, um conjunto de cossubstanciações e deveres cujas condições materiais podem ser atendidas, mas nunca plenamente conhecidas. Dizer: "Eu sou água", ou: "Nós somos água" não faz da água uma pessoa. Mas torna tanto a água como o eu necessários para a existência de cada um, mesmo sem saber exatamente como e onde nos cruzamos. Retornamos à leitura de Vine Deloria das práticas de revelação dos indígenas nos Estados Unidos e no Canadá, discutidas no capítulo 4, segundo a qual a "revelação era vista como um processo de ajuste constante ao entorno natural e não como uma mensagem específica válida para

Fins conceituais

todos os tempos e lugares".[25] Quando direcionamos nossa atenção às especificidades e diferenças entre as analíticas indígenas, talvez possamos deixar de compreender as variadas estratégias apenas como táticas para sabotar o liberalismo tardio – enquanto uma governança da diferença e dos mercados – e derrubar as hierarquias e as diferenças do geontopoder. Se a meta é transformar ambientes naturais em pessoas legais, a segunda coisa que esse caso sugere é que as muitas regiões de existência permanecem em seus lugares de maneiras diferentes. Tratar os Kunapa como se fossem feitos da mesma substância intensiva e extensiva das Duas Mulheres Sentadas é tão grave quanto o contrário. Não vamos derrubar nada se fizermos tudo virar aquilo que a lei já tornou compatível com o capitalismo liberal e intolerante.

Muitas pessoas não querem essa reviravolta. Elas querem continuar tendo aquilo que têm. O que querem é que os indígenas salvem o mundo. Eu estava em um evento de arte crítica em uma cidadezinha europeia falando com outro cineasta. A exibição do filme do coletivo Karrabing *Wutharr, Saltwater Dreams*, que fazia parte do programa, foi seguida de um debate. *Wutharr* tem uma série de *flashbacks* cada vez mais surreais enquanto uma família indígena discute os motivos que levaram o motor do barco a deixá-los na mão. À medida que considera o papel desempenhado no incidente pelo presente ancestral, pelo Estado regulatório e pela fé cristã, o filme explora as múltiplas demandas e os vórtices inescapáveis da vida indígena contemporânea. (E é muito engraçado também.) Durante o debate, uma pessoa na plateia ergueu a mão e perguntou algo como: "Quando as pessoas vêm da Austrália ou da América e apresentam material nativo, sempre ouvimos 'colonialismo de ocupação' isso, 'pós-colonial' aquilo e 'poder'. O que eu quero saber é se o seu povo possui em suas antigas tradições algum conhecimento que nos ajude a salvar o mundo e o futuro terrível que estamos enfrentando".

---

25 Vine Deloria Jr., *God Is Red: A Native View of Religion*. Golden: Fulcrum, 2003, p. 66.

Conceitos e afetos após o fim

Quais conceitos poderíamos usar a fim de contribuir para o trabalho de derrubada da estrutura sintática geral dos quatro axiomas da existência? Ou quais qualidades esses conceitos devem exibir? Vou discutir três possibilidades. Em primeiro lugar, conceitos políticos devem assinalar linguisticamente os campos materiais nos quais eles querem tornar visíveis e, portanto, revelar possibilidades de ação. Em segundo lugar, precisam viajar de lá para cá entre regiões de existência (e não entre formas de vida e não vida), sem colapsar essas regiões nem transformá-las em um tipo geral de coisa ou sistema simplista de estrutura binária. Por último, os conceitos não deveriam elevar as qualidades e materialidades de uma região de existência a uma caracterização definidora de todas as regiões e, sim, evidenciar a direcionalidade e os diferenciais do poder. Os parágrafos a seguir discutem como uma série de alternativas à solidariedade, ao antagonismo e à precariedade podem sugerir novos imaginários políticos em um mundo em processo de decolonização. Discuto especificamente os conceitos de embarreiramento-ensaque-embolso, desgastes-durabilidade-esforços e resíduos-rastreamentos.

Ensaque, embolso, embarreiramento: quando olhamos aquilo que aparentava ser um objeto pelo prisma desses conceitos, vemos os densos cumes materiais que a força cria ao perturbar ou manter no lugar outros cumes, todos permitindo que ocorram processos em seu entorno. Embarreiramentos são sacos ou dunas de areia que contêm a enxurrada, desde que possam permanecer em seu lugar, mesmo enquanto são atingidos por ondas violentas e progressivas; são as montanhas que contêm a circulação dos ventos e represam os poluentes até que eles se esfacelem sob a sua pressão; são as identidades sociais que oferecem os canais por meio dos quais os direitos circulam até que eles sejam modificados por direitos circulantes e assumam novas identidades; são a pele que protege os órgãos internos, a menos que um câncer a consuma, partindo de uma contaminação externa. Todos esses ensaques do espaço material criam os contornos que são (mal) interpretados como dentros e foras autônomos.

Afinal, a reivindicação sobre o estatuto de indivíduo no sentido de sujeito ou objeto discreto tem cumprido um papel fundamental no modo como as disciplinas ocidentais se diferenciam entre si (biologia, geologia) e, a partir dessa diferenciação inicial, na maneira pela qual outras disciplinas ocidentais criam infinitos discursos éticos, valores econômicos, práticas e justificativas políticas de segunda e terceira ordem. A ilusão da fronteira – a remoção da pele da existência – oferece *um contra o que* e *um dentro do que* um sujeito ou objeto pode ser definido, estabilizado e caracterizado pelas condições para qualquer reivindicação sobre a existência autônoma. A ilusão dos objetos (inclusive os sujeitos) é fundacional para as ciências biológicas, sempre dependendo do conceito de membrana para animar a diferença entre vida e não vida e formas de vida – a menor unidade da vida, a célula, é definida e tornada possível por sua membrana, o ser humano por sua pele, a espécie por seus limites reprodutivos. De fato, não está claro como as causas finais, a teleologia, a finitude e a eventicidade – da bolota de Aristóteles ao *Geist* de Hegel e ao choque de civilizações de Samuel Huntington – podem ser imagináveis sem essa ideia de pele, independentemente de o desdobramento interno da coisa com pele operar no nível da célula, do corpo, da espécie ou do *Geist*. Também é possível ver como a pele – ou, a essa altura, talvez possamos dizer um saco que contém algo que opera em relação a si mesmo – também oferece um imaginário crucial para a diferença entre pele orgânica e superfície rochosa. Pele, ou sacos, são camadas protetoras; superfícies simplesmente são o lugar em que isso chega ao fim.

Essa diferença se ramifica em outras diferenças subsequentes, como a legalidade da diferença entre assassinato (algo possível com a vida humana), morte (com a vida animal) e destruição (objetos inorgânicos). Sem esses dentros e foras, assassinato, morte e destruição se enredam como em uma trama. Se uma rocha é uma rocha enquanto rocha ou se o solo é um solo enquanto solo, então de seu ponto de vista os seres humanos são apenas um momento na jornada e na viagem dos minerais. Ao nos produzir, eles mantêm a si mesmos, na medida em que retornamos à condição de solo e de rocha. Em outras palavras, a afirmação de que o autorreparo da vida possui um estatuto diferente da passividade *inerte* da não vida permite que o primeiro seja tratado de uma maneira muito diferente. Mas as rochas utilizam a força da gravidade para se ensacarem, ou a força da gravidade ensaca a rocha; quanto maior a força da gravidade, mais densa é a rocha. Para desensacar essas várias formações rochosas são necessários outros materiais ensacados – quer as substâncias químicas que fazem o *fracking* do xisto, quer os diamantes que cobrem a ponta das brocas. Toda tática de autorreparo, de ser estilhaçado e reforçado, deixa e absorve resíduos e rastreamentos que retornam a esse movimento de embarreiramento e rejeito.

Quando objetos / sujeitos são reconceitualizados como áreas de embarreiramento, ensaque ou embolso contínuos, dois pontos emergem. Em primeiro lugar, considerando que toda barreira é uma estrutura temporária que necessita de reforços e reparos constantes, ela precisa alcançar ou perturbar outras regiões – ou precisa encontrar um meio de impedir que outras regiões a alcancem ou perturbem. Para surrupiar o conceito de parasita de Michel Serres, toda barreira está em uma relação de abuso indissociável de toda forma de troca – o abuso pode ser uma fonte para alimentar um *de outra maneira* [*otherwise*], fornecendo-lhe uma arquitetura material e social, ou um meio de atrofiar a resistência ao ordenamento dominante da existência.[26] O modo como esses desgastes irão se resolver depende da durabilidade do material que os compõe e do material que os toca. Aqui é importante entender o poder como capacidade de esforço e durabilidade, o poder de perdurar.

---

26 Michel Serres, *Le parasite*. Paris: Grasset, 1980.

Fins conceituais

Isso me leva ao meu segundo ponto: os movimentos de embarreiramento constantemente deixam rastros e liberam resíduos.[27] Rejeitos geralmente são definidos como os resíduos de qualquer material valioso extraído de uma mina. Como observa Kathryn Yusoff, esses resíduos e rastros são o "substrato" irredutível "da tecnosfera, antes imaginada continuamente como estranhos e externos aos projetos racionais de materialização da modernidade tardia" – mas já não é assim.[28] Rejeitos são a física de todas as barreiras quando vistas de suas bordas indefiníveis, esfaceladas e corroídas, onde elas se transformam em quase coisas, onde coisas mortas sobre coisas vivas entram pelas narinas e pelo solo de superfície. Rastros são os vestígios materiais que Katerina Martina Teaiwa investiga na ilha de Banaba, no Pacífico, no momento em que ela é destroçada para a obtenção de fósforo, elemento crucial para a produção dos fertilizantes que abastecem a assim chamada revolução verde. Podemos seguir esses rastros à medida que a mineração dispersa pó na atmosfera e os ventos espalham as partículas como colonos, à medida que os aviões espalham o fósforo por terras inférteis. À medida que Banaba é dispersada pelo mundo na forma de pequenas partículas combinadas e recombinadas com outras substâncias, a ilha se torna inabitável para os seus habitantes, que são forçosamente deslocados de suas terras.[29] Mas a dissipação da ilha – sob a forma de fertilizante agrícola que penetra o solo, as plantas e os corpos humanos e não humanos, sob a forma de rejeitos em pó que contaminam a atmosfera – é espelhada pela extensão da soberania de Banaba sob a forma de um conjunto de terras e relações cada vez mais vastas.

---

27 Sebastián Ureta e Patricio Flores, "Don't Wake Up the Dragon! Monstrous Geontologies in a Mining Waste Impoundment". *Environment and Planning D: Society and Space*, v. 36, n. 6, 2018.
28 Kathryn Yusoff, "Epochal Aesthetics: Affectual Infrastructures of the Anthropocene". *e-flux Architecture*, 29 mar. 2017. Disponível on-line.
29 Ver Katerina Martina Teaiwa, *Consuming Ocean Island: Stories of People and Phosphate from Banaba*. Bloomington: Indiana University Press, 2014.

Igual e inevitavelmente, essa forma de soberania química nutre novos modos de existência, geralmente rechaçados, como aqueles que foram encontrados em toda a Polinésia após os testes nucleares franceses no arquipélago de Tuamotu durante os anos 1960 e 1970. Suas histórias infraestruturais oferecem, segundo Yusoff, "novos museus da humanidade". "Depósitos de resíduos, poços de mineração e zonas de extração são imaginados como os novos museus da humanidade, junto com os registros materiais mais afetivos e cumulativos da poluição, da toxicidade e das mudanças climáticas."[30]

O embarreiramento da existência e os desgastes e rejeitos resultantes são materiais. Mas os processos mentais também dependem do embarreiramento de conceitos e dos desgastes e rejeitos resultantes. Muito antes de Bateson, William James sugeriu que conceitos mentais e, em realidade, toda a vida mental são esforços de embarreiramento. A vida mental é – e, portanto, todos os conceitos são – uma cacofonia de esforços de atenção.[31] A fonte dos conceitos nunca seria encontrada pela escavação da mente em busca de formas cada vez mais abstratas. Compreender conceitos como uma forma de esforço, argumentava James, exige situar a vida mental nas vidas sociais em que ela existe – em que obtém dimensões e qualidades e pela qual se espalha. Em outras palavras, conceitos não estão meramente localizados no mundo social. Eles são o mundo social – e não se trata do mundo social do significado, mas do mundo social da distribuição de energia e habilidade para focar na tarefa que se tem em mãos. Essa abordagem diante da linguagem, da vida mental e do discurso seria elaborada por inúmeros pós-pragmatistas da linguística, da ecologia, dos estudos textuais e da antro-

---

30 K. Yusoff, op. cit. Para as dimensões verticais da existência aquática, ver Andrea Ballestero, "Aquifers (or, Hydrolithic Elemental Choreographies)". *Theorizing the Contemporary*, 27 jun. 2019. Disponível on-line.
31 Ver William James, *Principles of Psychology*, v. 1. New York: Dover, 1950, especialmente pp. 170-94.

Fins conceituais

pologia. Colocar em palavras é se colocar entre palavras, conceder matéria a um conceito que pode realizar o trabalho de articular uma cena de forças. Dito de outro modo, dois tipos de embarreiramento emergem como força de desembarreiramento: de um lado, o próprio conceito como mais ou menos coisa em relação a mais ou menos coisas, assim como todo objeto está apenas mais ou menos aqui e mais ou menos lá; de outro, o novo campo de arranjo que agora importa por causa do conceito. Conforme esses embarreiramentos realizam seu trabalho, como outros ensacamentos materiais, eles desgastam o dado e emitem todo tipo de rejeito discursivo como os signos potencialmente prefigurativos de novos conceitos. Novamente, para James, no princípio estão o social e seu arranjo de poderes para afetar e ser afetado. Conceitos não estão na mente. Não são nem descrições da existência nem formas transcendentais da verdade sobre a existência. Conceitos são uma forma de absorver e rearticular mundos atuais, regiões de existência atuais e as maneiras atuais como esses mundos e regiões estão entrelaçados. Quando formulamos conceitos, as perguntas centrais devem procurar descobrir de onde vêm esses conceitos, a quem estão obrigados e de que modo auxiliam as formas vindouras de mundos humanos e mais-que-humanos a perdurar.

Os conceitos discutidos aqui são oferecidos como uma maneira de abordar uma questão mais ampla sobre conceitos e coisas comuns nas muitas teorias e práticas críticas contemporâneas do político e da política. A política deve se fundamentar em uma condição comum, independentemente de ser alma, *Geist* ou precariedade, antes de podermos ter uma política ou agirmos politicamente enquanto tal? E se a alma não for comum, mas apenas uma repetição do *Geist* e de sua história de despossessão e descarte? E se disséssemos que não partilhamos da precariedade porque esse comum depende de uma distinção mais fundacional entre vida e não vida, e isso pressupõe uma pressão sobre outros mundos que não consideram essa distinção relevante para uma analítica da existência?

E se a tarefa do pensamento e da ação política no Ocidente não fosse encontrar uma maneira de transformar sua história específica em uma história comum que então seria enfiada goela abaixo de todo mundo? E se o objetivo fosse encontrar uma forma de abordar a diferença que permitisse a retenção da diferença, de buscar um mundo comum que é diferente, em vez de homogeneizado por um conceito único, e colocar em primeiro plano os presentes ancestrais que mantêm ou alteram o formato e o conteúdo dessas diferenças?

Fins conceituais

Post scriptum

Este livro procurou abordar uma bifurcação teimosa da *temporalidade social* da catástrofe – por vir e ancestral – e o efeito dessa divisão sobre o modo como compreendemos a importância dos quatro axiomas para as teorias críticas contemporâneas. No lugar de uma conclusão, este *post scriptum* gostaria de enfatizar uma série de argumentos que apresentei no decorrer do livro.

O primeiro é simplesmente que o significado e a importância política dos axiomas não podem ser separados da questão da temporalidade social da catástrofe. O rastreamento da natureza oculta e não tão oculta dessa temporalidade social demonstra que a fonte e o objetivo final estão frequentemente cindidos. Hannah Arendt e Gregory Bateson sãos bons exemplos de teóricos que caminham pelo mundo colonial, mas direcionam seu olhar, em última instância, para o horizonte do Ocidente. No entanto, mesmo as discussões de Dipesh Chakrabarty sobre uma consciência epocal da mudança climática podem involuntariamente começar e acabar na diáspora europeia, no Iluminismo e no humanismo europeu, em seu ordenamento geológico da existência. Começando por aqueles para quem essas *diásporas liberais*, esses imaginários e ordenamentos liberais compõem a catástrofe ancestral em andamento, percebemos que a catástrofe possui um significado e uma atmosfera muito diferentes.

Segundo, o objetivo deste livro não era argumentar com uma palavra – digamos, *ontologia* –, mas enfatizar uma orientação dual a partir de dentro da catástrofe ancestral, rumo e em oposição a seu poder de prejudicar aqueles que ela tem prejudicado há centenas de anos. Em seu estudo recente sobre os túmulos submarinos dos escravizados, destituídos e refugiados, Valérie Loichot situa o pensamento ambiental de Michel Serres e Édouard Glissant no porão de um navio em alto-mar. Loichot sugere que ambos utilizam o mar turbulento e o porão exíguo para produzir *la pensée du tremblement*, "um gesto espiritual, ético e político contra a verdade fixa, a teologia rígida ou, pior, os absolutismos religiosos e políticos".[1] Mas, se lembrarmos que a obra de Glissant não é uma filosofia ou uma poética da equivalência ou da empatia, então esses dois homens, apesar da conversa profunda entre eles, não estão no mesmo barco. Loichot observa em Glissant um pensamento sísmico mais profundo. Em *La Cohée du Lamentin*, Glissant não utiliza "catástrofe" no sentido etimológico de virar alguma coisa de ponta-cabeça e, sim, como uma profunda sondagem relacional da "comunicação entre o planeta vulnerável e o humano trêmulo e solitário".[2]

Isso nos leva à terceira reflexão em potencial deste livro: a natureza contínua da catástrofe ancestral do colonialismo e seus pressupostos e desdobramentos epistemológicos e ontológicos mobilizaram discursos espaciais e afetivos para transformar danos reais em uma esperança no horizonte. Nenhuma violência liberal parece dura o suficiente para destruir a habilidade do liberalismo de fingir normalidade quando reconhece que houve um erro, mas que agora está tudo bem, deixando em seu rastro mundos infindáveis que conhecem o eterno retorno desse truque. Em muitos desses lugares,

---

1 Valérie Loichot, *Water Graves: The Art of the Unritual in the Greater Caribbean*. Charlottesville: University of Virginia Press, 2020.
2 Ibid.

Post scriptum

em que os danos ancestrais do liberalismo são seguidamente considerados nada mais do que um erro involuntário, o afeto que domina não é a esperança, mas a teimosia e a sobrevivência. Nenhum desses afetos busca alcançar o horizonte do reconhecimento mútuo universal, ou da igualdade, ou da justiça, porque ambos sabem que esse horizonte não existe. Trata-se apenas de um espelho no qual o Ocidente gosta de se admirar.

Podemos ver essa recusa de ceder em um quarto ponto. Diante do colapso da infraestrutura e do clima em lugares que anteriormente conseguiram sequestrar os efeitos do capitalismo liberal para outro lugar, os conceitos e os discursos de atenuação são teimosamente previsíveis. Para manter e aumentar sua parte dos recursos terrestres, os abastados utilizam os pobres como álibi. Há um problema de infraestrutura em torno da água limpa? Não peça aos abastados para ter menos a fim de que os pobres possam ter mais. Ao contrário, eles cavam mais fundo e transformam os recursos hídricos dos outros em *commodities*. Parar de extrair carvão como a mais simples das intervenções na aceleração da toxicidade térmica? Melhor culpar a necessidade de empregos da classe média em declínio do que redistribuir o capital com base no conceito de renda mínima universal ou outros experimentos sociais.

Não surpreende então – e este é o meu quinto ponto – que assistimos à ascensão de uma democracia iliberal e de um capitalismo não liberal por todo o globo. Aimé Césaire há muito observou a putrefação que retornava pelas ondas coloniais. Se o liberalismo e o capitalismo realmente se importassem com as normas e os ideais que propagandeiam, distinguindo seu humanismo de todas as outras formas de governança, já era para estarmos vendo alguma diferença. Mas o que vemos, nos Estados Unidos, na América do Sul, na Índia, na Europa, no Oriente Médio e em outros lugares, é a construção de muros, a eleição de nacionalistas inveterados e programas racistas e xenofóbicos, a expulsão de outros por meio de leis brandas e duras.

Para aqueles que vão para o céu, talvez nada disso importe. Para aqueles que buscam a imortalidade, não há por que se preocupar – suas marcas estão por toda parte, seu legado está garantido na composição da terra.

Post scriptum

Glossário

animista Esse conceito é discutido mais profundamente em *Geontologias*.[1] Não se refere à miríade de mundos que foram categorizados antropologicamente como animistas ou totêmicos. (Para uma abordagem comparativa, ver *Outras naturezas, outras culturas*, de Philippe Descola.)[2] Trata-se, ao contrário, de uma das três figuras sintomáticas que começaram a surgir à medida que o geontopoder ganhava destaque em razão da centralidade da epistemologia e da ontologia ocidentais para a governança ocidental. O conceito resolve o problema da dissolução em potencial da diferença entre vida e não vida, atribuindo as propriedades principais das coisas vivas à existência em geral. Minha análise dessa manobra está alinhada à análise do reconhecimento liberal tardio em *The Cunning of Recognition*.[3] O animista conserva e refundamenta todos os principais dramas, desejos e direções do poder ocidental, mesmo quando afirma que todos os outros existentes sempre foram iguais a ele.

---

1 E. A. Povinelli, *Geontologias: um réquiem para o liberalismo tardio*, trad. Mariana Ruggieri. São Paulo: Ubu Editora, 2023.
2 Philippe Descola, *Outras naturezas, outras culturas*, trad. Cecília Ciscato. São Paulo: Editora 34, 2016.
3 E. A. Povinelli, *The Cunning of Recognition: Indigenous Alterity and the Making of Australian Multiculturalism*. Durham: Duke University Press, 2002.

astúcia do reconhecimento Apresento essa ideia em *The Cunning of Recognition*[4] como uma reformulação da compreensão hegeliana da astúcia da razão como o mecanismo por meio do qual a universalidade concreta do reconhecimento humano mútuo é alcançada. Para Hegel, a astúcia da razão coloca as paixões das energias individuais, o interesse próprio e o desejo "para trabalhar a seu serviço e, como resultado, os agentes por meio dos quais ela produz sua própria existência precisam pagar o preço e sofrer a perda".[5] A dor e a carnificina deixadas em seu rastro são as condições necessárias, mesmo que lamentáveis, para o nascimento da justiça universal. O liberalismo colonial sequestrou esse diagrama de violência renegada. Em *Economies of Abandonment*, o liberalismo tardio é apresentado como uma maneira de periodizar o surgimento da astúcia do reconhecimento, em que o liberalismo tenta se isolar das novas críticas anticoloniais e sociais por quatro grandes movimentos discursivos: em primeiro lugar, para reprimir violentamente os elementos radicais, ao mesmo tempo que impele os elementos mais moderados a buscar as leis de reconhecimento; em segundo lugar, para inverter a direção da avaliação do valor, movendo-se do liberalismo para aqueles que buscam reconhecimento; em terceiro lugar, para encorajar uma identificação com o objeto impossível de uma diferença que não é diferente; em quarto lugar, para salvaguardar os princípios possessivos centrais do liberalismo e do capitalismo. *Economies of Abandonment* também apresenta as figuras inversas da camuflagem e da espionagem que sempre acompanham o discurso e as táticas do reconhecimento e operam conjuntamente com a governança do precedente.

biontológico, biontologia Apresentado em *Geontologias*, o biontológico se refere à subsunção da ontologia às características amplas da vida. Está relacionado ao imaginário do carbono (ver adiante), na medida

---

4 Ibid.

5 G. H. R. Parkinson, "Hegel, Marx and the Cunning of Reason". *Philosophy*, v. 64, n. 249, 1989, p. 291.

em que este último mantém a homologia cicatricial entre o conceito biológico de metabolismo e de seus componentes-chave (nascimento, crescimento, reprodução e morte) e os conceitos ontológicos de evento, *conatus / affectus* e finitude.

camuflagem Apresentado em *Economies of Abandonment*,[6] a camuflagem é a arte de se esconder em dado ambiente sob um disfarce corporificado. Essa prática atual de dissimulação é parte de um conjunto de discursos muito mais amplos e variados sobre os modos de ocultação que permitem que organismos e objetos geralmente visíveis permaneçam indiscerníveis de seu entorno. A camuflagem possui uma relação genealógica com a mímica e o colonialismo (ver a obra de Frantz Fanon, Homi Bhabha e Michel Serres). A camuflagem não é uma qualidade meramente espectral e, sim, o aparelho sensorial como um todo. É o modo principal de existência entre parênteses de reconhecimento, ou seja, dos modos de reconhecimento que se tornam visíveis quando, em consequência de uma ameaça à segurança liberal tardia, a temporalidade do outro é escrita entre parênteses. Nesses momentos de discriminação territorial [*redlined*] e entre parênteses, uma temporalidade e um tom são atribuídos à diferença – o pretérito mais-que-perfeito, por exemplo, e o subjuntivo – e o reconhecimento é transformado em uma modalidade de espionagem e camuflagem.

deserto Apresentado em *Geontologias*, o deserto é uma das três figuras sintomáticas que começaram a surgir à medida que o geontopoder ganhava destaque em razão da centralidade da epistemologia e da ontologia ocidentais para a governança ocidental. O deserto abrange os discursos, táticas e figuras que reestabilizam a distinção entre vida e não vida. Representa todas as coisas compreendidas como despidas de vida – e, por consequência, todas as coisas que poderiam, com o emprego correto do conhecimento tecnológico ou com a adminis-

---

6   Id., *Economies of Abandonment: Social Belonging and Abandonment in Late Liberalism*. Durham: Duke University Press, 2011.

tração adequada, ser (novamente) hospitaleiras à vida. O deserto, em outras palavras, atém-se à distinção entre vida e não vida para dramatizar a possibilidade de que a vida está sempre ameaçada pelas areias dessecantes e sorrateiras da não vida. O deserto é o espaço onde a vida já esteve e agora não está, mas poderia estar de novo com a administração adequada de conhecimentos, técnicas e recursos. O imaginário do carbono se encontra no centro dessa figura e é, portanto, fundamental para a manutenção do geontopoder. O imaginário do carbono aloja a superioridade da vida na existência por meio da transposição de conceitos biológicos (como o metabolismo e seus principais eventos, nascimento, crescimento, reprodução e morte) para conceitos ontológicos (como evento, *conatus/affectus* e finitude). Claramente, a biologia e a ontologia não operam no mesmo campo discursivo e não se entrecruzam de maneira simplista. Apesar disso, o imaginário do carbono reforça o local de encontro cicatricial onde cada um pode intercambiar suas intensidades, ânimos, devaneios, ansiedade e, talvez, terrores conceituais em relação ao outro da vida, ou seja, o inerte, o inanimado, o estéril. Nesse espaço cicatricial, a ontologia se revela uma biontologia. A existência sempre foi dominada pela vida e pelos desejos da vida.

dever Em *Economies of Abandonment*, o dever é sempre imanente e atrasado. O dever imanente é uma terra de ninguém entre escolha e determinação. Por dever imanente quero dizer uma forma de relacionalidade que nos atrai e nos impele a ter cuidado e atenção na reflexividade crítica. Essa "atração" ou "repulsão" é frequentemente uma conexão frágil inicial, um senso de conectividade imanente. Escolhas são feitas para enriquecer e intensificar essas conexões. Mesmo estas devem ser compreendidas como retrospectivas – o sujeito que escolhe é ele mesmo diferido pela escolha. Em outras palavras, ele é e está começando a ser diferente na proximidade dessa escolha; está atrasado em relação a si mesmo, chegando tarde demais para ser útil para a adjudicação. Posso ser capaz de descrever por que me sinto tão atraída por esse espaço específico,

Glossário

e talvez tente cuidar desse dever ou romper com ele, mas muito pouco pode ser chamado de "escolha" nessa orientação original.

diáspora liberal Esse termo é apresentado em *The Cunning of Recognition* para "designar as identificações, dispersões e elaborações institucionais e subjetivas coloniais e pós-coloniais da ideia iluminista segundo a qual a sociedade deveria ser organizada com base na compreensão racional mútua".[7] O principal propósito era mostrar a variedade de táticas mobilizadas pelo liberalismo para justificar as ações violentas que emergem na lacuna entre razão pública e razão moral, e as formas discursivas de negação que surgem em retrospecto. Em *The Empire of Love*, a diáspora liberal é o processo por meio do qual as disseminações das formas ocidentais de governança baseadas na possessão se transformam à medida que se movem para novos contextos, mesmo quando seu estatuto como coisas que fazem ou não fazem outras coisas é continuamente abstraído e reificado. O liberalismo, portanto, só é passível de ser citado no sentido de que seu centro pode ser referenciado por sua diferença em todas as suas variantes parciais e impróprias atuais. Deve-se considerar que o liberalismo tardio também possui essa característica diaspórica.

de outra maneira [*otherwise*] O espaço *de outra maneira* é mapeado em *Economies of Abandonment* e em inúmeros outros textos subsequentes, especialmente em "The Will to be Otherwise / The Effort of Endurance"[8] e "After the Last Man: Images and Ethics of Becoming Otherwise".[9] O *de outra maneira* são aquelas formas imanentes que podem ser encontradas nos projetos sociais que estão fora da dialética e da diferença entre o Self e o Outro. São exemplos de *de outra*

---

7 Id., *The Cunning of Recognition*, op. cit., p. 6.

8 Id., "A vontade de ser de outra maneira/ O esforço de persistir", trad. Joana Pinto. *Sociedade e Cultura*, Goiânia, v. 26, 2023. Disponível on-line.

9 Id., "After the Last Man: Images and Ethics of Becoming Otherwise". *e-flux Journal*, n. 35, 2012. Disponível on-line.

maneira em relação às duas posições na governança da anterioridade, o indígena e o colono, e as duas posições nas geontologias da vida e da não vida. No desejo de ser *de outra maneira*, uma pessoa pode se descobrir eticamente *de outra maneira* e buscar permanecer assim, ou então pode buscar ser eticamente *de outra maneira*, agir e permanecer nesse desejo. Podemos, aqui, distinguir entre esses dois tipos de pessoa como estrutural e volitivamente diferentes: a passiva e a ativa. Esse é o *de outra maneira* que encara as condições reais sem ainda conseguir falar sobre suas novas condições. O *de outra maneira* não é uma ontologia. É radicalmente empírico e pode ser encontrado nas condições e forças perdurantes e desmoronantes da governança.

espionagem Apresentado em *Economies of Abandonment*, a espionagem se refere a práticas reais de espionar e ser espionado, a um conjunto de pressupostos muito mais amplos e diversos que se tenta penetrar enquanto espaço socialmente vedado. Na espionagem, o valor circula de tal maneira que tanto aqueles que circulam quanto aqueles que tentam impedir a circulação evitam o confronto inicial do imaginário subjacente do reconhecimento.

geontologia O conceito de geontologia foi apresentado em uma conversa na Haus der Kulturen der Welt como parte do Anthropocene Project de 2013. Naquele momento, a geontologia se referia às diversas formas com que as pessoas têm distinguido modos de existência como vida e não vida. Como discuto em *Geontologias*, a geontologia coloca em evidência, por um lado, o cercamento biontológico da existência (caracterizar todos os existentes como imbuídos de qualidades associadas à vida); por outro lado, busca enfatizar a dificuldade de se encontrar uma linguagem crítica que possa dar conta do momento em que uma forma de poder, há muito tempo autoevidente em certos regimes de liberalismo tardio de ocupação, está se tornando visível ao redor do globo. O objetivo da geontologia não é nem fundar uma nova ontologia de objetos, nem estabelecer uma nova metafísica do poder, nem julgar a possibilidade ou a impossi-

Glossário

bilidade da habilidade humana de saber a verdade sobre o mundo das coisas. Antes, trata-se de um conceito que busca tornar visíveis as táticas figurais do liberalismo tardio à medida que a orientação biontológica consolidada e sua distribuição de poder desmoronam, perdendo eficácia como pano de fundo autoevidente para a razão.

geontopoder Em *Geontologias*, o geontopoder é distinto do biopoder e busca indicar e intensificar os componentes contrastantes da não vida (*geos*) e do ser (ontologia) atualmente em jogo na governança liberal tardia da diferença e dos mercados. O geontopoder não está emergindo somente agora para suplantar a biopolítica; o biopoder (a governança por meio da vida e da morte) dependeu durante muito tempo de um geontopoder subjacente (a diferença entre vivo e inerte). E assim como a necropolítica, que Achille Mbembe mostrou que operava abertamente na África colonial e somente mais tarde revelou sua forma na Europa, o geontopoder opera há bastante tempo no liberalismo tardio de ocupação e é insinuado nas operações rotineiras de governança da diferença e dos mercados. A atribuição de uma inabilidade de vários povos colonizados de diferenciar as coisas que possuem agência, subjetividade e intencionalidade como as que emergem com a vida tem servido de alicerce para a caracterização de uma mentalidade pré-moderna e de uma diferença pós-reconhecimento. Mais especificamente, o geontopoder se dedica a iluminar o espaço reduzido em que meus colegas indígenas são forçados a realizar manobras enquanto tentam manter suas analíticas e práticas de existência críticas relevantes. Em sua operação, o geontopoder está relacionado à governança da anterioridade.

governança da anterioridade [*governance of the prior*] Em *Economies of Abandonment*, demonstro que a cisão da temporalidade habita o tecido social do nacionalismo de ocupação que bifurcou as fontes e os fundamentos do pertencimento social, de modo que a relação entre colono e indígena passou de uma implicação mútua no problema da ocupação anterior para uma relação hierárquica entre dois modos de ocupação anterior, uma orientada para o futuro e outra para o passado. Conforme a governança da anterioridade atravessou o futuro anterior e o pretérito mais-que-perfeito, a prioridade do humano como a assinatura definitiva da soberania democrática liberal foi separada da prioridade da descendência das pessoas, mesmo quando a prioridade de certas pessoas (colonizadoras) foi salvaguardada contra a prioridade de outras (colonizadas). Essa cisão se tornou disponível para ser aplicada a outros territórios dentro da nação e contra ela. A governança da anterioridade trabalha conjuntamente com a astúcia do reconhecimento.

imaginário do carbono Em *Geontologias*, o imaginário do carbono é descrito como a sutura e a transposição dos conceitos biológicos de nascimento, crescimento, reprodução e morte para os conceitos ontológicos de evento, *conatus/affectus* e finitude. O imaginário do carbono se encaixa no conceito de dobradiça axial de Ludwig Wittgenstein – um eixo sobre o qual gira todo um aparato de conhecimentos práticos e proposicionais sobre o mundo, e não um conjunto de proposições sobre o estado do mundo. Nesse tipo de conversão proposto por Wittgenstein, não somos simplesmente reposicionados em um espaço estabelecido por uma proposição axial, mas passamos de um espaço para outro, de um tipo de física para outro, de uma metafísica para outra. Mas, enquanto metáforas, dobradiça e eixo parecem constituir uma articulação imaginária bem azeitada demais. Pode ser mais útil imaginar a produtividade homóloga do espaço entre a vida natural e a vida crítica e a natureza do imaginário de carbono como uma cicatriz. O imaginário do carbono seria, então, a região cicatricial latejante entre a vida e a não vida – uma dor que nos faz voltar nossa atenção para uma cicatriz que, por muito tempo, permaneceu dormente e anestesiada, mas sempre sensível.

liberalismo tardio, liberal tardio Em *Economies of Abandonment*, liberalismo tardio se refere inicialmente ao neoliberalismo e às diferenças em relação a ele. Neste livro, liberalismo tardio se refere à governança da diferença social após os movimentos anticoloniais e o surgimento de novos movimentos sociais, ao passo que neolibe-

Glossário

ralismo se refere à governança dos mercados iniciada nos anos 1970. Assim como a diáspora liberal, o liberalismo tardio não existe como coisa no sentido vulgar do termo, mas na forma de ações como avistamento e citação. Ele existe na medida em que é evocado para conjurar, conformar, agregar e avaliar a variedade de mundos sociais, e cada conjuração, conformação, agregação e avaliação dissemina o liberalismo como um terreno global.

persistência [*endurance*] Em *Economies of Abandonment*, a persistência é um antônimo social para a exaustão. A persistência é a recusa em considerar a substância da existência como uma qualidade secundária. Aquele que persiste é sempre mais ou menos força, robustez, empedernimento; sua continuidade no espaço, sua capacidade de sofrer e, apesar disso, persistir. A persistência se encerra ao redor daquilo que é duradouro – uma abordagem da temporalidade da continuação, uma denotação da ação contínua sem nenhuma referência ao seu início ou fim, fora da dialética da presença e da ausência em diálogo profundo com a ideia de Henri Bergson da duração como "progresso contínuo do passado que rói o porvir e que incha ao avançar".[10] Persistir não é nem uma singularidade nem um espaço homogêneo. Cada cena de persistência é atravessada por múltiplas e incomensuráveis configurações de temporalidade, eventicidade, substância ética e agregações de existência. Do lado do poder colonizado, aquele que persiste é restritivo; do lado dos mundos colonizados, aquele que persiste é a sobrevivência.

presente ancestral, presença ancestral O conceito de *presente ancestral* pode ser encontrado em "The Urban Intensions of Geontopower".[11] Ele nasceu no projeto social desenvolvido pelo Coletivo de Cinema Karrabing. O grupo se deparou com questões que demons-

---

10 Henri Bergson, *A evolução criadora*, trad. Bento Prado Neto. São Paulo: Martins Fontes, 2005, p. 5.
11 E. A. Povinelli, "The Urban Intensions of Geontopower". *e-flux Architecture*, 3 mai. 2019. Disponível on-line.

travam uma compreensão liberal tardia da natureza persistente da existência ancestral, ou seja, que ancestrais humanos e totêmicos estavam materialmente no passado enquanto estavam no presente. Os Karrabing começaram a fazer experiências com sobreposições visuais e *loops* narrativos que demonstravam que, sob o colonialismo em curso, seus ancestrais humanos e totêmicos lutam para se manter em seus lugares. Os ancestrais também estão envolvidos em uma prática de sobrevivência, de acordo com a definição de Gerald Vizenor em *Manifest Manners*.[12] Como a sobrevivência, o presente ancestral recusa as lamentações dos colonos pelas perdas dos indígenas e pela recessão cultural e aponta, ao contrário, a natureza estratégica, criativa e às vezes irritadiça da existência humana e totêmica.

projeto social Em *Economies of Abandonment*, projetos sociais são formas de ação coletiva que tentam tornar possível um conjunto alternativo de mundos humanos e pós-humanos. São arranjos (*agencements*) específicos que se expandem para além da mera socialidade humana ou dos seres humanos. Um projeto social depende de uma série de conceitos, materiais e forças interligadas que inclui agências e organismos humanos e não humanos. O objetivo de um projeto social não é descobrir o eterno ou o universal, mas encontrar as condições singulares sob as quais algo novo é produzido.

quase evento Esse formato e esse registro do social e do político foram esboçados pela primeira vez em *Economies of Abandonment*. Em conversa subsequente com Lauren Berlant, em "Holding Up the World",[13] foi desenvolvida a relação entre essa forma de persistência e degradação material e os imaginários políticos da barreira, do rejeito e do desgaste. Quase eventos buscam dar conta do substrato

---

12 Gerald Vizenor, *Manifest Manners: Narratives on Postindian Survivance*. Lincoln: University of Nebraska Press, 1999.

13 Lauren Berlant e E. A. Povinelli, "Holding Up the World, Part III: In the Event of Precarity. A Conversation". *e-flux Journal*, n. 58, 2014. Disponível on-line.

Glossário

e do construto irredutivelmente materiais do poder social. O conceito tenta estabelecer parentesco com os ambientes de violência lenta de Rob Nixon e as políticas de baixa frequência de Paul Gilroy.

saúde ghoul [*ghoul health*] Em *Empire of Love*, saúde *ghoul* se refere à organização global da instituição biomédica e seu imaginário em torno da ideia de que o novo bicho assustador, a nova praga, é a verdadeira ameaça que assombra a divisão, a distribuição e a circulação da saúde no globo. Saúde *ghoul* prefigura o conceito de vírus. É a má-fé daquilo que chamei de "fim de partida da má-fé geofísica" do império da diáspora liberal.[14]

sociedade genealógica Essa figura é apresentada em *The Empire of Love* e desenvolvida em uma série de entrevistas (talvez a melhor seja "Shapes of Freedom", com Kim Turcot DiFruscia). A sociedade genealógica é uma fantasia do liberalismo tardio e do capitalismo destinada a justificar formas de disrupção e despossessão e fornecer um conteúdo diferencial negativo à fantasia do sujeito autológico, especialmente daqueles que fundamentam a liberdade e a justiça na autorrealização e na soberania.

sujeito autológico Essa figura é introduzida em *The Empire of Love*[15] e desenvolvida em uma série de entrevistas, das quais a melhor talvez seja "Shapes of Freedom", com Kim Turcot DiFruscia.[16] Ao falar do sujeito autológico, estou me referindo aos discursos, práticas e fantasias sobre a autorrealização, a soberania e o valor da liberdade individual, associados ao projeto iluminista de democracia constitucional contratual e capitalismo. O termo faz par com a sociedade genealógica. Por um lado, ele evoca os inúmeros discursos e práticas da liberdade liberal como sendo coincidentes com o sujeito autônomo e autodeterminado. Por outro, seu sentido depende

---

14 E. A. Povinelli, *Empire of Love*, op. cit., p. 77.
15 Ibid.
16 Id., "Shapes of Freedom: A Conversation with Elizabeth A. Povinelli". *e-flux Journal*, n. 53, 2014. Disponível on-line.

do contraste com a sociedade genealógica, o imaginário colonial de uma humanidade determinada pelo costume como controle. A sociedade genealógica é composta de discursos, práticas e fantasias que dizem respeito às constrições sociais impostas ao sujeito autológico por inúmeras formas de herança.

temporalidade social [*social tense*] Esse aspecto da temporalidade [*tense*], abordado em *Economies of Abandonment*, é amplamente social e não estritamente linguístico. Sob a perspectiva gramatical, é difícil tornar tempo [*tense*] e evento menos ambíguos. Abordagens metapragmáticas do discurso, por exemplo, entendem que o tempo e o evento surgem da intersecção entre o que está sendo narrado e o ato da narração – o tempo do estado ou da ação de um verbo. No tempo passado gramatical, por exemplo, o evento narrado é marcado como anterior ao ato da narração, enquanto no tempo presente gramatical o evento narrado coincide com o ato da narração. As línguas apresentam uma variedade de modos de configurar a relação temporal entre o que está sendo narrado e a narração: como essas figurações estritamente gramaticais são absorvidas por outros discursos, vínculos afetivos e práticas do liberalismo tardio. O sujeito autológico e a sociedade genealógica, os parênteses do reconhecimento, a governança da anterioridade e o amor sacrificial são examinados enquanto técnicas da temporalidade social que se tornam disponíveis quando relatos dos danos sociais estruturais contínuos são explicados de uma perspectiva liberal tardia.

transfiguração Apresentada no artigo "Technologies of Public Persuasion",[17] coescrito com Dilip Parameshwar Gaonkar, a transfiguração foi contrastada com práticas interpretativas associadas à linguagem e formas de análise social focadas no texto. Enquanto o sonho liberal da tradução é inervado, materializado e reduzido a uma luta normativa, uma nova analítica concentra-se nos níveis entrelaça-

---

17 Dilip Parameshwar Gaonkar e E. A. Povinelli, "Technologies of Public Persuasion: Circulation, Translation, Recognition". *Public Culture*, v. 15, n. 3, 2003.

dos e cheios de poder das culturas de circulação e nas contestações entre elas. A análise transfigurativa enfocaria o caráter palpável, inteligível e reconhecível de textos, eventos e práticas e o jogo de suplementaridade que enquadra e rompe o empreendimento do reconhecimento público, independentemente de seu objeto. Tudo isso compõe os ambientes demandantes das "coisas" e de seus movimentos. Eles fornecem as coisas com suas dimensões mapeáveis e distensões fantasmagóricas, seus protocolos de movimento seguro (ou não) entre as culturas de circulação. Uma análise transfigurativa é o pano de fundo de "Radical Worlds: The Anthropology of Incommensurability and Inconceivability"[18] e *The Cunning of Recognition*.

vírus Apresentado em *Geontologias*, o vírus é uma das três figuras sintomáticas que começaram a surgir à medida que o geontopoder ganhava destaque em razão da centralidade da epistemologia e da ontologia ocidentais para a governança ocidental. O vírus e seu imaginário central do terrorista oferecem um vislumbre da radicalização persistente, errante e potencial do deserto e do animista. O vírus é a figura que busca perturbar os atuais arranjos da vida e da não vida, reivindicando-se uma diferença que não faz diferença, não porque tudo é vital, vivo e potente, nem porque é inerte, reproduzível, imóvel, dormente e persistente. Como a divisão entre vida e não vida não define nem contém o vírus, este pode utilizar e ignorar essa divisão com o simples propósito de desviar as energias dos arranjos de existência em benefício de sua própria expansão. O vírus se copia, se duplica e permanece dormente enquanto se adapta, experimenta e testa as circunstâncias. Ele confunde e nivela a diferença entre vida e não vida, ao mesmo tempo que se beneficia dos aspectos mais diminutos de sua diferenciação. Temos um vislumbre do vírus sempre que alguém sugere que o tamanho da população humana deve ser repensado diante das mudanças climáticas, que

---

18 E. A. Povinelli, "Radical Worlds: The Anthropology of Incommensurability and Inconceivability". *Annual Review of Anthropology*, v. 30, n. 1, 2001.

uma montanha de granito glacial acolhe com prazer os efeitos do ar-condicionado sobre a vida, que os seres humanos são *kudzu*, ou que a extinção humana é desejável e deve ser acelerada. O vírus é tanto o ebola como o lixão, a precipitação nuclear e as bactérias resistentes aos antibióticos, as fazendas de salmão e os aviários, a pessoa que se parece exatamente como "nós" e planta uma bomba. Talvez mais espetacularmente o vírus seja a figura da cultura popular do zumbi – a vida que se torna não vida e se transforma em um novo tipo de guerra entre espécies –, a decomposição agressiva do morto-vivo contra o último reduto da Vida. O vírus é uma forma emergente ou residual de arranjos humanos-mais-que-humanos prévios. Ele opera de modo a criar uma nova morada, diagnosticando as estruturas e os contornos do poder enquanto segue seu caminho. Isso parece terrivelmente verdadeiro neste momento. A covid-19 nasceu do capitalismo extrativo e foi disseminada pelo capitalismo dos transportes. Ela devasta as comunidades indígenas pobres e as comunidades de pessoas de cor porque essas comunidades corporificam o longo alcance da catástrofe ancestral do racismo e do colonialismo. Querem nos fazer acreditar não que a covid-19 é uma analítica horripilante da corporificação do poder ou uma crítica devastadora do capitalismo liberal tardio, não que o capitalismo liberal tardio é a fonte desse horror que estamos vivendo, mas que o vírus é o nosso inimigo.

Glossário

Agradecimentos

Minhas ideias dependem inteiramente da generosidade de inter-locutores que me empurram para além dos limites do meu pensamento. Muitos dos que menciono a seguir comentaram partes do texto, enquanto muitos outros moldaram de maneira decisiva o meu pensamento em geral; talvez fiquem surpresos de ver seu nome aqui. Pensar é estranho nesse sentido, como a vida – muito do que é decisivo não é acertado. Além dos comentários incrivelmente perspicazes dos revisores anônimos deste texto, agradeço a Nadia Abu El-Haj, David Barker, Sheridan Bartlett, Thomas Bartlett, Gavin Bianamu, Sheree Bianamu, Trevor Bianamu, Katrina Lewis, Kelvin Bigfoot, Marcia Lewis, Natasha Bigfoot Lewis, Filipa César, Rex Edmunds, Natasha Ginwala, Patsy-Anne Jorrock, Patrick Jorrock, Lorraine Lane, Robyn Lane, Tess Lea, Angelina Lewis, Cecilia Lewis, Natasa Petresin, Roberta Raffaetà, Benedict Scambary, Stefanie Schulte Strathaus, David Scott, Sheila Sheikh, Aiden Sing, Kieran Sing, Miriam Ticktin, Daphne Yarrowin, Linda Yarrowin, Sandra Yarrowin, Gary Wilder, Susanne Winterling e Vivian Ziherl. Muitos dos argumentos encontrados nestas páginas foram inspirados pelos alunos do meu curso de pós-graduação sobre conceitos políticos na esteira do geontopoder, Mohammed Alshamsi, Joanna Evans, Sophia Jeon, Hanwen Lei, Connor Martini, Andrea Montemayor, Stephanie Ratte, Jennifer Roy, Bruno Seraphin, Rishav Thakur, Fern Thompsett e Nick Welna. Susan Edmunds atura meus delírios há mais de três décadas. E, é claro, agradeço ao meu editor, Ken Wisoker, por seu apoio e condução inabalável para que este e muitos outros livros pudessem existir.

Índice onomástico

Abu, Nadia 207
Adams, John 128
Allar, Neal A. 51, 56–57
Anand, Nikhil 32, 39, 57–58
Anders, William 33
Arbery, Ahmaud 12
Arendt, Hannah 10, 31–33, 47, 64, 94, 113–34, 136, 141–43, 148–49, 151, 179–81, 190, 227
Asimov, Isaac 181
Atwood, Margaret 97

Bagnato, Andrea 72
Baldwin, James 90, 130
Barad, Karen 40–41, 52
Bateson, Gregory 11, 31, 33, 151, 175–79, 181–92, 222, 227
Baudrillard, Jean 205–06
Berger, Thomas R. 153, 155, 157, 161, 163, 175
Bergson, Henri 239
Berndt, Catherine 137
Berndt, Ronald 138–40
Bernstein, Sharon 197
Bhabha, Homi K. 233
Bianamu, Gavin 98, 112
Bianamu, Ricky 104

Bianamu, Trevor 111
Bigfoot, Kelvin 98
Bigfoot, Natasha (Natie) 170
Blackburn, Richard 163–64, 172
Bolsonaro, Jair 194
Bonaparte, Napoleão 77
Brandl, Maria 166
Brown, Wendy 74
Butler, Judith 41, 50, 60, 75, 214
Butler, Octavia 50

Cabral, Amilcar 93–94
Callison, William 18, 105
Carson, Rachel 33, 149–51
Césaire, Aimé 11, 31–32, 64, 94–95, 100, 103, 113–14, 133–35, 143–44, 151, 189, 229
César, Filipa 93–94
Chakrabarty, Dipesh 117–19, 144, 227
Chen, Mel Y. 85–86
Cooper, Gary 90, 207
Coulthard, Glen 31, 70, 89, 101, 146–47, 159–61, 200–01
Cristo, Jesus 43

Davison, Andre 115

Deleuze, Gilles 20, 24–27, 31, 44, 46, 49–53, 55, 147, 173, 175, 184–85, 190, 202–03

Deloria, Vine 11, 147, 157–59, 162, 167, 216–17

Demos, T. J. 86–87

Dene, Sahtu 33, 70, 100–01, 153–54, 159–61, 163, 175, 188, 208

Derrida, Jacques 29, 72, 101

Dick, Philip K. 199–200

Dillon, Andy 59

Du Bois, W. E. B. 91–92, 94, 133–34

Dunst, Alexander 199–200

Edmunds, Rex 102, 104, 147, 167, 170–71

Eisenhower, Dwight 121

Estes, Nick 193

Fanon, Frantz 29, 48, 95, 103, 133, 135, 233

Fraser, Malcom 169

Faye, Pamela 140

Federici, Silvia 44

Fennell, Catherine 59

Ferreira da Silva, Denise 39, 49

Feser, Ali 107–08

Fink, Ruth 137

Flores, Patricio 86, 221

Floyd, George 12, 22

Freeman, Elizabeth 119

Foxwell-Norton, Kerrie 115

Fukuyama, Francis 77

Gaber, Nadia 58, 62–63

Gaonkar, Dilip Parameshwar 242

Gilmore, Ruth Wilson 85

Gilroy, Paul 44, 135, 144–47, 241

Gines, Kathryn 33, 114, 130–31

Ginwala, Natasha 170

Glissant, Édouard 11, 20, 26–27, 31, 51–57, 66–67, 70, 228

Glowczewski, Barbara 50, 103, 147, 173, 175

Greenberg, Nathaniel 141

Grosfoguel, Ramón 144

Guattari, Félix 20, 24–27, 31, 44, 46, 49–53, 147, 173, 175, 185, 190, 202, 204

Habermas, Jürgen 24, 75–76, 80

Haddon, A. C. 176

Halpern, Orit 189–90

Halverson, Jeffry 141

Hanna-Attisha, Mona 62

Haraway, Donna 41, 50, 146, 185

Hartman, Saidiya 47, 48, 157

Harari, Yuval Noah 87

Hegel, G. W. F. 76–77, 80, 103, 219, 232

Hiddleston, Jane 144

Hird, Myra 64, 69
Hobart, Hi'ilei Julia Kawehipuaakahaopulani 98
Horkheimer, Max 24, 202
Howey, Kirsty 59
Huntington, Samuel 219

James, William 20, 22–25, 44, 62, 90, 118, 130, 149, 156, 190, 222–23
Johnson, Joe 161
Jorrock, Marcus 98
Jorrock, Melissa 104
Jorrock, Reggie 98

Kaczyński, Lech 105
Kelley, Robin D. G. 133
Kerr, John 169
Kim, Eleana 97, 241
Kneese, Tamara 98
Kojève, Alexandre 77
Kurtz, Ed 59

Laclau, Ernesto 74–75
Lane, Daryl 98
Lapoujade, David 24
Lea, Tess 59
Levering, David 91
Little, Adrian 74–75
Loichot, Valérie 228
Luttrel, Johanna C. 143

McCarthy, Mary 151
Massumi, Brian 24
Malm, Andreas 115
Manfredi, Zachary 105
Margulis, Lynn 50
Markell, Patchen 116, 124
Marx, Karl 77, 103, 124, 132, 145, 159, 199, 232
Mead, Margaret 176
Mbembe, Achille 59, 64, 129, 237
Moten, Fred 33, 114, 129, 131
Mouffe, Chantal 74–75
Muehlebach, Andrea 59
Muir, John 195
Murdoch, Rupert 137–39
Murphy, Michelle 65, 95, 202
Musk, Elon 112, 197

Nadasdy, Paul 161–62
Naess, Arne 149–51
Nesbitt, Nick 51–52, 134, 144
Nixon, Rob 44, 99–100, 241
Nussbaum, Martha 75

Orbán, Viktor 105

Parkinson, G. H. R. 76–77, 232
Paulo (santo) 43
Peirce, Charles Sanders 20–21, 181–82
Penn, Robert 134

Rid, Thomas 178–79
Rorty, Richard 24
Rose, Deborah Bird 175
Ross, William 179
Russell, Edmund 141

Sabin, Paul 155
Šakowin, Oceti 68
Salvini, Matteo 105

Schmitt, Carl 77, 130
Serres, Michel 183, 220, 228, 233
Sharpe, Christina 55, 68
Signal, Allied 105
Simbirski, Brian 120, 179
Simpson, Audra 101, 211
Sloan Morgan, Vanessa 116
Stengers, Isabelle 24, 41, 49
Stephenson, Wen 115–16
Szerszynski, Bron 86–87

Taylor, Dorceta E. 12, 29, 30, 154, 195
Teaiwa, Katerina Martina 221
Tocqueville, Alexis de 90
Todd, Zoe 152, 159
Trump, Donald 105, 194
Turcot, Kim 241

Ureta, Sebastián 81, 86, 221

Villa, Dana 131–32
Vizenor, Gerald 101, 240

Wayne, John 90, 130
Walsh, Michael 166
Weil, Simone 129
Wilder, Gary 134–35, 144
Wilson, Ruth 85
Wittgenstein, Ludwig 238
Woodward, Edward 163, 164–69, 175, 211
Wynter, Sylvia 18, 28, 31, 38, 87, 175

Yusoff, Kathryn 221

Sobre a autora

ELIZABETH A. POVINELLI nasceu em 3 de fevereiro de 1962 na cidade de Buffalo, Nova York, e foi criada em Shreveport, nos Estados Unidos. Em 1984, graduou-se em Filosofia e Matemática pelo St. John's College, em Santa Fe. No mesmo ano, recebeu uma bolsa da Watson Foundation e passou trabalhar com a comunidade aborígene Belyuen, do Território Norte da Austrália. Em 1988, concluiu o mestrado em antropologia pela Universidade Yale, onde obteve também o doutorado, em 1991. Foi professora de Antropologia na Universidade de Chicago e, desde 2005, ocupa a cátedra Franz Boas na Universidade Columbia, em Nova York, onde dá aulas de Antropologia e Estudos de Gênero. Nessa instituição, foi diretora do Instituto de Pesquisa sobre Mulheres e Gênero e vice-diretora do Centro de Estudos de Direito e Cultura. Também faz parte da Australian Academy for the Humanities e é uma das membras fundadoras do coletivo Karrabing, majoritariamente indígena, onde atua em projetos audiovisuais que vão de filmes de "realismo improvisacional" até o desenvolvimento de um dispositivo de realidade aumentada em GPS / GIS. O coletivo recebeu prêmios como o Visible (2015), da Fundação Zegna (Itália), o Cinema Nova (2015) de melhor curta de ficção, no Festival Internacional de Melbourne (Austrália), e o Eye (2021), da Eye Filmmuseum (Países Baixos), além de se apresentar em eventos internacionais como Berlinale e documenta 14. Seu livro *Geontologias: um réquiem para o liberalismo tardio* (Ubu Editora, 2023) ganhou o Prêmio Leonel Trilling em 2017. Povinelli também produziu uma série de obras de arte expostas em instituições como a Prometeo Gallery (Itália), o Museo delle Civiltà (Itália) e o Palais de Tokyo (França).

obras selecionadas

Geontologias [2018], trad. Mariana Ruggieri. São Paulo: Ubu
   Editora, 2023.
Routes / Worlds. Berlin / New York: Sternberg / e-flux, 2022.
The Inheritance. Durham: Duke University Press, 2021.
Economies of Abandonment. Durham: Duke University Press, 2011.
The Empire of Love. Durham: Duke University Press, 2006.
The Cunning of Recognition. Durham: Duke University Press, 2002.

Título original: *Between Gaia and Ground: Four Axioms of Existence and the Ancestral Catastrophe of Late Liberalism*

© Ubu Editora, 2024
© 2021 Duke University Press

Imagem da capa
Minas de Mármore Carrara, 2017 © Bernhard Lang

Preparação
Mariana Echalar

Revisão
Ricardo Liberal

Capa
Elaine Ramos e Júlia Paccola

Produção gráfica
Marina Ambrasas

EQUIPE UBU

Direção editorial
Florencia Ferrari

Coordenação geral
Isabela Sanches

Direção de arte
Elaine Ramos; Júlia Paccola,
Nikolas Suguiyama [assistentes]

Editorial
Bibiana Leme e Gabriela Naigeborin

Comercial
Luciana Mazolini e Anna Fournier

Comunicação / Circuito Ubu
Maria Chiaretti, Walmir Lacerda
e Seham Furlan

Design de comunicação
Marco Christini

Gestão Circuito Ubu / site
Laís Matias

Atendimento
Cinthya Moreira e Vivian T.

UBU EDITORA
Largo do Arouche 161 sobreloja 2
01219 011 São Paulo SP
ubueditora.com.br
professor@ubueditora.com.br
❚ⓘ /ubueditora

Dados Internacionais de Catalogação na Publicação (CIP)
Elaborado por Odilio Hilario Moreira Junior – CRB-8/9949

P879c Povinelli, Elizabeth A. [1962–]
Catástrofe ancestral: existências no liberalismo
tardio / Elizabeth A. Povinelli; título original: *Between Gaia and Ground: Four Axioms of Existence and the Ancestral Catastrophe of Late Liberalism*; tradução de Mariana Lima e Mariana Ruggieri. São Paulo: Ubu Editora, 2024. 256 pp.
ISBN 978 85 7126 173 0

1. Ecologia. 2. Capitalismo. 3. Antropologia. 4. Povos indígenas. I. Ruggieri, Mariana. II. Lima, Mariana. III. Título.

2024-1689   CDD 577   CDU 574

Índice para catálogo sistemático:
1. Ecologia 577
2. Ecologia 574

Fontes
Neue Haas Grotesk Round e Karmina

Papel
pólen bold 70 g / m²

Impressão e acabamento
Margraf